Andrea Hartwig, Beate Köberle, Bernhard Michalke (Hrsg.)

Nutzen-Risiko-Bewertung von Mineralstoffen und Spurenelementen

Biochemische, physiologische und toxikologische Aspekte

Nutzen-Risiko-Bewertung von Mineralstoffen und Spurenelementen

Biochemische, physiologische und toxikologische Aspekte

Andrea Hartwig
Beate Köberle
Bernhard Michalke (Hrsg.)

Impressum

 Scientific Publishing

Karlsruher Institut für Technologie (KIT)
KIT Scientific Publishing
Straße am Forum 2
D-76131 Karlsruhe

KIT Scientific Publishing is a registered trademark of Karlsruhe Institute of Technology. Reprint using the book cover is not allowed.

www.ksp.kit.edu

Print on Demand 2013
ISBN 978-3-7315-0079-7

Inhaltsverzeichnis

Vorwort

Die 28. Jahrestagung der Gesellschaft für Mineralstoffe und Spurenelemente e .V. (GMS) fand vom 11. bis 13. Oktober 2012 im Institut für
Angewandte Biowissenschaften, Abteilung Lebensmittelchemie und
Toxikologie, am Karlsruher Institut für Technologie (KIT) statt. Unter dem
Motto „Nutzen-Risiko-Bewertung von Mineralstoffen und Spurenelementen: Biochemische, physikalische und toxikologische Aspekte" sollte das
Spannungsfeld zwischen positiven, aber auch - bei Überversorgung -
möglichen nachteiligen Wirkungen von Mineralstoffen und Spurenelementen dargestellt werden.

Mineralstoffe und Spurenelemente sind unverzichtbare Bestandteile oder
Kofaktoren in allen lebenden Systemen. Sie sind unerlässlich für nahezu
alle Stoffwechselwege sowie für die Aufrechterhaltung der Stabilität des
Genoms. Obwohl zahlreiche biochemische und physiologische Funktionen
bekannt sind, liegen den Zufuhrempfehlungen oftmals nur Schätzwerte
zugrunde, und die optimalen Aufnahmemengen werden teilweise kontrovers diskutiert. Hierzu gehört auch die Frage, ob Vitamine und Mineralstoffe in Form von Nahrungsergänzungsmitteln sinnvoll sind oder ob sie
sogar nachteilige Wirkungen haben können. So haben in den letzten Jahren
durchgeführte sog. Interventionsstudien keinen Rückgang an Herz-
Kreislauf-Erkrankungen oder Tumorerkrankungen ergeben, und ein
möglicherweise erhöhtes Diabetes Typ II-Risiko bei einer Überversorgung
mit Selen wird diskutiert.

Im Rahmen der diesjährigen GMS-Tagung wurden diese und andere
Aspekte aus unterschiedlichen Blickwinkeln präsentiert und diskutiert. Den
Auftakt bildete die traditionelle *"GMS Evening Lecture"* am Vorabend der
eigentlichen Jahrestagung (11. Oktober 2012). Prof. Rolf Großklaus vom
Bundesinstitut für Risikobewertung ging in seinem Vortrag zum Thema
"Nutzen-Risiko-Abschätzung von Mineralstoffen – ein Problem bei der
Grenzwertsetzung zwischen Essentialität und Toxizität" der Frage nach
optimalen Aufnahmemengen von Mineralstoffen sowie deren Unbedenk-
lichkeit nach. An den darauf folgenden Tagen wurden neueste Erkenntnisse aus dem Bereich der Spurenelemente präsentiert. Die Vorträge und

Poster beschäftigten sich mit essentiellen und potentiell toxischen Wirkungen von Zink, Selen, Jod und Eisen, sowie Interaktionen zwischen diesen Spurenelementen. Ferner stellte sich die Frage nach möglicherweise toxischen Wirkungen von Spurenelementen in Folge unphysiologischer Aufnahmewege – diskutiert am Beispiel der Neurotoxizität von Mangan und zellulärer Effekte von Kupfer-basierten Nanopartikeln. Auch Arsen stand wieder auf dem Programm: hier stand der Metabolismus sowie die Speziesabhängigkeit toxischer Effekte im Fokus des Interesses. Insgesamt wurden neue Daten und Erkenntnisse zur Nutzen-Risiko-Bewertung von Mineralstoffen und Spurenelementen in 14 wissenschaftlichen Vorträgen und acht Postern präsentiert und mit den etwa 50 Teilnehmern der Tagung diskutiert.

Der Erfolg einer GMS-Tagung hängt auch von den Posterbeiträgen ab, die sich auch diesmal durch eine hohe Qualität auszeichneten und in diesen Tagungsband mit aufgenommen wurden. Der wissenschaftliche Posterpreis wurde an Daniel Brugger (Lehrstuhl für Tierernährung, Technische Universität München) für seinen Beitrag „Using piglets as an animal model: Dose-response study on the impact of short-term zinc undersupply on oxidative stress and cell fate dependent gene expression in the heart muscle" vergeben.

Wissenschaftliche Veranstaltungen wie die Jahrestagung der GMS können in dieser Qualität verständlicherweise nicht ohne finanzielle Unterstützung durchgeführt werden. Die Tagungspräsidentin und das Organisationskomitee bedanken sich deshalb herzlich bei der GMS und den Sponsoren der Tagung.

Abschließend möchten wir uns sehr herzlich bei allen Referentinnen und Referenten der Tagung für ihr großes Engagement bedanken. Unser Dank gilt ferner Frau Anja Sander sowie allen Mitgliedern der Abteilung Lebensmittelchemie und Toxikologie des KIT für die vielfältige Hilfe bei der Organisation, ohne die ein angenehmer und reibungsloser Ablauf der Tagung nicht möglich gewesen wäre. Des Weiteren danken wir Frau Elena Maser, die an der Zusammenstellung des Tagungsbandes maßgeblich beteiligt war, sowie Frau Prof. Schwerdtle für die abschließende Durchsicht der Manuskripte.

Nicht zuletzt danken wir allen Autorinnen und Autoren für die Bereitschaft, ihre Vorträge und Posterbeiträge in Manuskriptform zusammenzufassen und wünschen den Leserinnen und Lesern viel Freude bei der Lektüre des vorliegenden Bandes.

Prof. Dr. Andrea Hartwig (Tagungspräsidentin)

PD Dr. Beate Köberle

Prof. Dr. Bernhard Michalke

Vortragsreihe

Nutzen-Risiko-Abschätzung von Mineralstoffen – ein Problem bei der Festlegung von Grenzwerten zwischen Essentialität und Toxizität

Rolf Großklaus

ehemals Bundesinstitut für Risikobewertung (BfR), Berlin
Email: rgrossi@web.de

Schlüsselwörter: Ableitung von Höchstmengen; Spurenelemente; Modelle; Nahrungsergänzungsmittel; angereicherte Lebensmittel

Kurztitel: Nutzen-Risiko-Analysen von Mikronährstoffen

Zusammenfassung

Der Markt für Nahrungsergänzungsmittel und angereicherte Lebensmittel wächst seit Jahren kontinuierlich. Dies führt zu unterschiedlichen Aufnahmen an Mikronährstoffen innerhalb der Bevölkerung bzw. Bevölkerungsgruppen, und möglicherweise auch zu großen Unterschieden in der individuellen Aufnahme. Es ist deshalb erforderlich, anhand von Verzehrserhebungen zu ermitteln, inwiefern zu niedrige oder zu hohe Aufnahmemengen mit einem potentiellen Risiko eines Mangels bzw. Überschusses verbunden sind. Zu niedrige Aufnahmemengen werden anhand des Durchschnittsbedarfs (Estimated Average Requirement, EAR), während zu hohe Aufnahmemengen anhand der sog. sicheren Gesamttageszufuhr (Tolerable Upper Intake Level, UL) bewertet. Dabei werden die Chancen und Grenzen gegenwärtiger Verfahren der Risikobewertung anhand von Beispielen aufgezeigt. Mehrere Modelle wurden zur Ableitung von Höchstmengen für den Zusatz von Mikronährstoffen zur Anreicherung von

Lebensmitteln und in Nahrungsergänzungsmitteln entwickelt. Es ist die Aufgabe von Risikomanagern anhand dieser Vorschläge zu entscheiden, wie diese aufgeteilt werden sollen, um die Bevölkerung vor nachteiligen gesundheitlichen Wirkungen zu schützen. Zusätzliche positive gesundheitliche Effekte hinsichtlich der Prävention von Krankheiten, aber auch die messbare Reduzierung von negativen Effekten werden bei den meisten herkömmlichen Verfahren der Risikobewertung außer Acht gelassen, können aber in einer integrativen Nutzen-Risiko-Abschätzung in Betracht gezogen werden.

Problemstellung

Der Markt für Nahrungsergänzungsmittel und angereicherte Lebensmittel wächst seit Jahren kontinuierlich. In Deutschland gaben 27,6% der Befragten die Einnahme von Supplementen an, 30,9% bei den Frauen und 24,2% bei den Männern, wobei ältere Menschen eine höhere Einnahme hatten [1]. Die Einnahme von Nahrungsergänzungsmitteln ist bei Leistungssportlern mit 67% am weitesten verbreitet, wobei 30% der Athleten mehr als 2 Supplemente verwenden [2, 3]. Da es sich bei Supplementen um konzentrierte Quellen von Nährstoffen handelt, die typischerweise nicht gekaut oder von Wasser oder Makronährstoffen begleitet sind, besteht ein größeres Risiko als bei Lebensmitteln für die Toxizität, Interaktionen mit anderen Nährstoffen oder Arzneimitteln und mögliche unerwünschte Nebenwirkungen [4]. Zweifelsohne werden die physiologischen Wirkungen von essentiellen Vitaminen und Mineralstoffen in bedarfsdeckenden Mengen (Recommended Dietary Allowances, RDA) gut verstanden, um das Risiko von Mikronährstoffmangel zu reduzieren. Jedoch haben in den letzten Jahrzehnten die Wirkungen von Vitaminen, Mineralstoffen und sonstigen Stoffen in höheren Dosen (> RDA) für eine „optimale Ernährung" mehr an Aufmerksamkeit erlangt, obgleich diese Wirkungen, von denen einige pharmakologischer Natur sind, nicht so gut verstanden werden. Einige von diesen Wirkungen sind ggf. von Vorteil, andere nicht, so dass erhebliche Sicherheitsbedenken bestehen bei der weit verbreiteten Anwendung von solch hochdosierten, nicht verschreibungspflichtigen Nahrungsergänzungsmitteln, zumal diese auch ohne ärztliche Kontrolle eingenommen werden [5]. Die Schwierigkeit bei der Anreicherung von Lebensmitteln mit solchen Mikronährstoffen besteht darin, eine als unterversorgt identifizierte Gruppe innerhalb der Bevölkerung zu erreichen, ohne die anderen – gut versorgten – Gruppen zugleich mit diesen Nährstoffen zu überladen [6, 7]. Deshalb wurden von mehreren Gremien weltweit sog. Tolerable Upper Safe Limits (ULs) festgelegt, und in der Europäischen Union ist ein Verfahren zur Festlegung von Höchstmengen für Vitamine, Mineralstoffe und sonstige Stoffe für angereicherte Lebensmittel und Nahrungsergänzungsmittel in der Diskussion. Hierzu wurden mehrere Modelle entwickelt und unterbreitet [5, 6, 8, 9, 10, 11, 12, 13]. Sinn und Zweck des Beitrages ist es, am Beispiel einiger essentieller Mineralstoffe und Spurenelemente die Chancen und Grenzen gegenwärtiger Verfahren der Risikobewertung, insbesondere bei der Ableitung von Höchstmengen für solche Mikronährstoffe zur Anreicherung von Lebensmitteln und zu Nahrungsergänzungsmitteln, aufzuzeigen. Darüber hinaus sollen aber auch neue Verfahren der integrierten Nutzen-Risiko-Abschätzung von Lebensmitteln zu deren optimaler Aufnahme diskutiert werden [14, 15, 16, 17, 18, 19, 20].

Chancen und Grenzen gegenwärtiger Verfahren der Risikobewertung

Herkömmliches Verfahren der Risikobewertung von Chemikalien in Lebensmitteln

Alle von den Mitgliedstaaten und der Gemeinschaft erlassenen Maßnahmen zum Schutz der Gesundheit von Menschen müssen auf einer Risikoanalyse beruhen, die sich aus den drei miteinander verbundenen Einzelschritten der Risikoanalyse, nämlich der Risikobewertung, des Risikomanagements und der Risikokommunikation zusammensetzen (Abbildung 1).

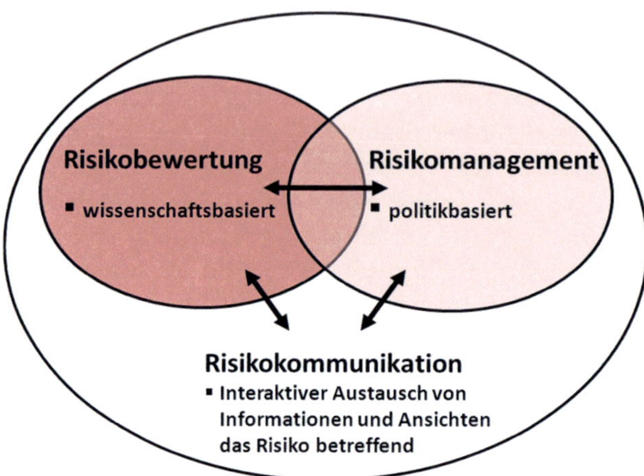

Abbildung 1: Die 3 Hauptkomponenten der Risikoanalyse (mod. nach FAO/WHO 2006 [21]).

Die wissenschaftsbasierte Risikobewertung erfolgt dabei in 4 Schritten [21]:

- Ermittlung der Gefahren (Gefahrenidentifizierung)

- Gefahrenbeschreibung

- Expositionsabschätzung

- Risikobeschreibung

Bei der *Gefahrenidentifizierung (Hazard Identification)* gilt es, eine Gefahrquelle (Risikofaktor, Agens) in einem Lebensmittel oder Futtermittel, die eine *Gesundheitsbeeinträchtigung* verursachen kann, qualitativ und quantitativ zu identifizieren. Dabei versteht man unter einer *Gesundheitsbeeinträchtigung/Nebenwirkung (adverse effect)* „...eine Änderung in Morphologie, Physiologie, Wachstum, Entwicklung, Reproduktion oder Lebensspanne eines Organismus, eines Systems oder Bevölkerung(sgruppe), die in der Folge zu einer Beeinträchtigung der Funktion, der

Fähigkeit zusätzlichen Stress zu kompensieren oder zu einer erhöhten Empfindlichkeit gegenüber anderen Einflüssen führt" [22].

Um diese Gefahrenpotentiale zu erkennen, werden epidemiologische und tierexperimentelle Studien sowie alle weiteren verfügbaren Daten herangezogen.

Im nächsten Schritt der *Gefahrenbeschreibung (Hazard Characterisation)* geht es um das Erkennen einer Dosis-Wirkungs-Beziehung. Die Darstellung orientiert sich an den Daten zur Toxikokinetik/Pharmakokinetik (Aufnahme, Verteilung, Metabolismus, Ausscheidung) und den toxischen Wirkungen (z.B. akute und subchronische Toxizität, Mutagenität, Kanzerogenität). Ggf. werden gesundheitlich relevante Grenzwerte abgeleitet und angegeben, z.B. der ADI-Wert („Acceptable Daily Intake").

Die *Expositionsabschätzung* erfordert Angaben zu exponierten Bevölkerungsgruppen sowie ggf. unterschiedlichen Belastungssituationen bei empfindlichen Verbrauchern unter Berücksichtigung von Alter und Körpergewicht.

Der letzte Schritt der *Risikobeschreibung* ergibt sich aus dem Vergleich der Gefahrenbeschreibung und der Expositionsabschätzung, um die Wahrscheinlichkeit der Häufigkeit und Schwere der bekannten oder potenziellen schädlichen Auswirkungen der Gefahrenquelle/des Risikos auf die Gesundheit in einer bestimmten Bevölkerung einzuschätzen. Dabei sollte auch die Qualität der zur Verfügung stehenden Daten und Unsicherheiten bewertet werden.

Ableitung von Grenzwerten nach dem No Observed Adverse Effect Level (NOAEL) - Verfahren

Für die meisten toxischen Wirkungen von chemischen Stoffen wird davon ausgegangen, dass sie einem Schwellenwert unterliegen; d.h. der gesundheitsschädliche Effekt tritt nur ein, wenn eine bestimmte Dosis (Schwelle) überschritten wird; Expositionen unterhalb dieser Dosis rufen keinerlei schädlichen Effekte hervor. Für Stoffe mit solchen Schwellenwert-Wirkungen können gesundheitlich relevante Grenzwerte abgeleitet werden.

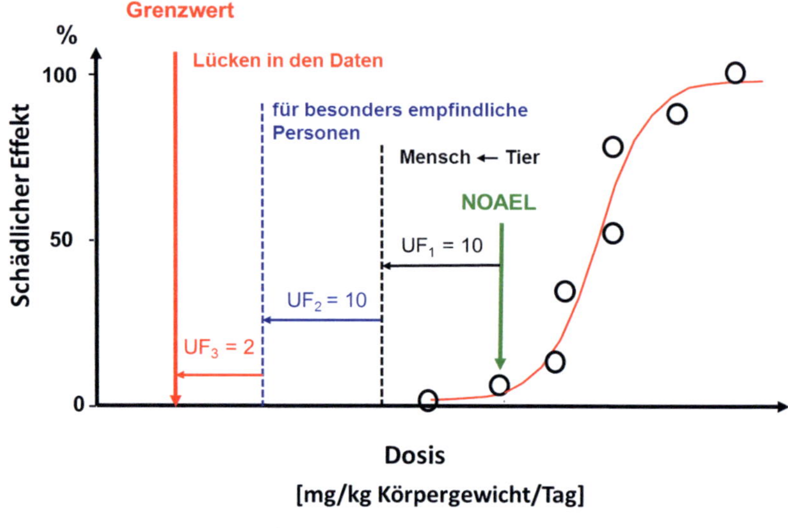

Abbildung 2: Ableitung von Grenzwerten.

Um aus einer Studie an Tieren einen Grenzwert für Menschen abzuleiten, geht man bei der klassischen toxikologischen Risikoanalyse und Bewertung von dem so genannten NOAEL aus ("No Observed Adverse Effect Level"), das ist die höchste Dosierung ohne schädliche Wirkung. Der NOAEL wird durch einen (Un)Sicherheitsfaktor (UF) geteilt, der Unterschiede zwischen Tier und Mensch ebenso berücksichtigen soll wie Unterschiede zwischen den Individuen (d.h. den einzelnen Menschen). Meist wird dafür ein Faktor von 100 verwendet. So ist gewährleistet, dass auch besonders empfind-liche Personen geschützt sind. Auch wird ggf. noch ein UF für Lücken in den Daten eingesetzt (Abbildung 2).

Typische Grenzwerte für gesundheitlich annehmbare Expositionen sind:

ADI/TDI steht für "Acceptable or Tolerable Daily Intake" (annehmbare oder duldbare tägliche Aufnahmemenge) und gibt die Menge eines Stoffes, z. B. eines Lebensmittelzusatzstoffes, Pflanzenschutzmittelwirkstoffs o. ä. an, die VerbraucherInnen täglich und ein Leben lang ohne erkennbares

Gesundheitsrisiko aufnehmen können. Der ADI/TDI stellt einen Grenzwert für die Langzeit-Exposition von VerbraucherInnen dar und wird in mg/kg Körpergewicht angegeben.

ARfD steht für "Akute Referenzdosis" und gibt laut Definition der WHO die Menge eines Stoffes an, die VerbraucherInnen bei einer Mahlzeit oder bei mehreren Mahlzeiten über einen Tag ohne erkennbares Gesundheitsrisiko mit der Nahrung aufnehmen können. Der ARfD stellt somit einen Grenzwert für die Kurzzeit-Exposition von VerbraucherInnen dar. Ein ARfD-Wert wird nicht für jeden Wirkstoff festgelegt, sondern nur für jene, die laut den Kriterien der zuständigen Gremien in ausreichender Menge geeignet sind, die Gesundheit schon bei einmaliger Exposition zu schädigen [23].

Mitunter kann die Aufnahme von kumulierenden Stoffen (z.B. Schwermetallen) von Tag zu Tag schwanken. In diesen Fällen hat sich die Verwendung eines dem ADI analog zu gebrauchenden „Provisional Tolerable Weekly Intake" (PTWI) bewährt, worunter man die vorläufig duldbare wöchentliche Aufnahmemenge von Kontaminanten oder Rückständen in Lebensmitteln in mg/kg Körpergewicht versteht.

Die Grenzwerte dürfen nicht als absolute Unbedenklichkeitsgarantien angesehen werden, die sie nicht sind. Die Festlegung von rechtlich verbindlichen Grenzwerten ist eine politische Entscheidung unter Berücksichtigung naturwissenschaftlicher Erkenntnisse, aber auch anderer Belange.

Risikobewertung von Nährstoffen

Die Risikobewertung von Vitaminen und Mineralstoffen unterscheidet sich wesentlich von der Bewertung chemischer Rückstände oder Kontaminanten. Während für letztere das Minimierungsprinzip gilt, ist die Risikobewertung von essentiellen Nährstoffen komplexer [7, 24, 25, 26]. Bei ihnen muss sowohl das Risiko einer Unter- als auch einer Überversorgung berücksichtigt werden (Abbildung 3). Das herkömmliche Verfahren zur Sicherheitsbewertung von Chemikalien in Lebensmitteln, unter Einbeziehung der Charakterisierung der Gefahr anhand detaillierter toxikologischer Bewertung von Tierversuchen, Festlegung eines No Observed Adverse Effect Level (NOAEL) oder Lowest Observed Adverse Effect Level (LOAEL) und Ableitung eines ADI-Wertes unter Berücksichtigung geeigneter UF kann deshalb generell nicht auf Nährstoffe angewendet werden. Da die Aufnahme eines Mikronährstoffes in einem bestimmten Bereich zur Aufrechterhaltung der Gesundheit lebensnotwendig ist, kann es in vielen Fällen schon zu Mangelerscheinungen kommen, wenn so große UF wie sie gewöhnlich zur Ableitung des ADI-Wertes für Zusatzstoffe und Kontaminanten verwendet werden, auch für Mikronährstoffe angewandt würden. Um diesen Unterschied gegenüber dem klassischen ADI herauszustellen, wurde alternativ sowohl von der US National Academy of Sciences als auch dem Wissenschaftlichen Lebensmittelausschuss der EU der Begriff „Tolerable Upper Intake Level (UL)" bzw. sog. sichere Gesamttageszufuhr eingeführt [27, 28].

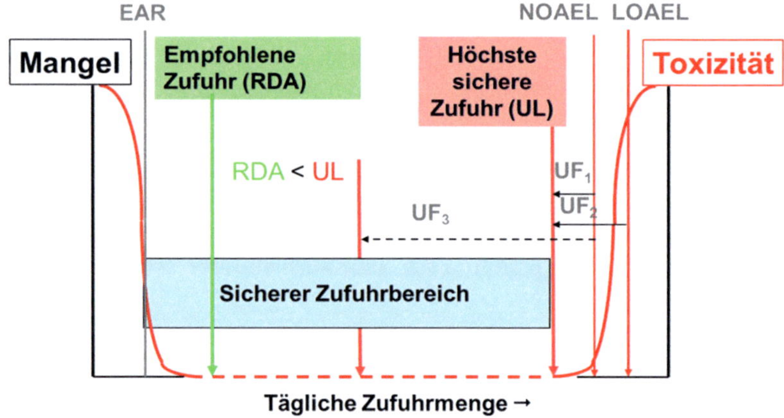

Abbildung 3: Risikobewertung von essentiellen Nährstoffen.
Legende: EAR = Estimated Average Requirement. Der geschätzte durchschnittliche Bedarf (EAR) ist die Aufnahme für einen Nährstoff, bei der die Bedürfnisse von 50 Prozent der Bevölkerung erreicht werden können. RDA = Recommended Daily Allowances. Empfohlene tägliche Zufuhr (RDA) eines Nährstoffs, die als ausreichend angesehen wird, um den Anforderungen fast aller (97-98%) gesunden Personen in den einzelnen Altersgruppen und Geschlecht zu entsprechen. Weitere Erläuterungen s. Text.

Der UL ist die tägliche maximale Gesamtzufuhr eines Nährstoffes aus allen Quellen, die bei chronischer Aufnahme kein gesundheitliches Risiko darstellt [27].

Im Unterschied zu Kontaminanten besteht bei essentiellen Nährstoffen auch das Risiko von Mangelerscheinungen durch eine zu niedrige Zufuhr. Eine sichere Gesamtzufuhr eines Mikronährstoffes umfasst den Bereich, der zwischen der empfohlenen Zufuhr (RDA) und der höchsten sicheren Zufuhr (UL) liegt. Dieser Bereich kann von Nährstoff zu Nährstoff erheblich variieren. Während einige Nährstoffe (wie z.B. die Vitamine A und D, Zink oder Selen) eine geringe therapeutische Breite haben und rasch toxische Nebenwirkungen auslösen, kommt es bei anderen Stoffen (z.B. Nicotin-amid) erst bei höheren Überschreitungen des RDA zu unerwünschten Wirkungen. So wurden bei der Ableitung des UL für jeden Nährstoff bestimmte Endpunkte gewählt:

Beispielsweise wurde bei Selen vom SCF bzw. der EFSA als Endpunkt die Selenintoxikation (Selenosis) nach chronischer Aufnahme gewählt, wobei der NOAEL anhand der Daten an Menschen 850 µg betrug und bei einem UF von 3 ein UL von 300 µg festgelegt wurde. Als die kritischsten bzw. empfindlichsten Indikatoren für eine überhöhte Molybdänzufuhr erwiesen sich im Tierversuch Reproduktions- und Entwicklungsstörungen bei der Ratte, so dass sich für die Übertragung der Daten auf den Menschen mit einem UF von 100 ein UL von 600 µg ergab. Vergleicht man die abge-leiteten ULs des SCF/EFSA mit denen des US Institute of Medicine (IOM), so ergeben sich teilweise erhebliche Unterschiede (Tabelle 1).

Tabelle 1: Vergleich der abgeleiteten Tolerable Upper Intake Levels (UL) und verwendeten Unsicherheitsfaktoren (UF) für einige Mineralstoffe vom Scientific Committee on Food (SCF) bzw. der European Food Safety Authority (EFSA) und dem US Institute of Medicine (IOM).

Nährstoffe	Einheit	UL (SCF/EFSA)	EF	UL (IOM)	UF
Selen	µg	300	3	400	2
Molybdän	µg	600	100	2000	30
Magnesium	mg	250	1	350	1
Eisen	mg	-	-	45	1,5
Jod	µg	600	3	1100	1,5
Zink	mg	25	2	40	1,5
Kupfer	mg	5	2	10	1
Calcium	mg	2500	1	2500	2

Für einige Mineralstoffe und Spurenelemente war es bislang nicht möglich, einen UL abzuleiten:

- Bei Mangan, Natrium, Kalium, Silicium (Tiere) und Phosphor wurden zwar nachteilige Effekte identifiziert, aber es fehlt eine Dosis-Wirkungs-Beziehung.

- Bei Vanadium, Eisen, Chrom und Nickel liegen zu wenige Daten vor; nachteilige Effekte sind aber möglich.

Das Fehlen von UL für bestimmte Stoffe darf nicht zu der Interpretation führen, dass es keine nachteiligen Effekte gibt und man infolgedessen unbegrenzte Mengen aufnehmen kann [6, 9, 27].

Ursache allein ist nicht nur der Mangel an vorzugsweise menschlichen Daten, so dass wegen der bestehenden Unsicherheiten von den verschiedenen nationalen und internationalen Gremien bei der Festlegung von ULs sehr unterschiedliche UF eingesetzt wurden. Gewöhnlich existieren nur wenige Daten aus kontrollierten Studien an Menschen über nachteilige Wirkungen oder exzessive Aufnahmen von essentiellen Nährstoffen, und, falls vorhanden, beziehen sich diese nur auf akute oder kurzfristige Belastungen. Daten über Nebenwirkungen am Menschen stammen meistens aus einzelnen Fallberichten und Studien nach therapeutischer Verwendung hoher Dosen oder durch missbräuchliche Anwendung von Nahrungsergänzungsmitteln und sind insgesamt nur von begrenzter Aussagekraft. Folglich ist es in der Regel auch nicht möglich, einen chronischen LOAEL oder NOAEL an Menschen mit ausreichend großer Genauigkeit zu bestimmen. Keinesfalls ist es sinnvoll, wenn der UL eines Nährstoffes kleiner als der RDA ist [22, 25, 29, 30].

Eine weitere wesentliche Ursache für die Unsicherheiten bei der Risikobewertung von Nährstoffen liegt in der Natur der Nährstoffe selber. Bei Nicht-Nährstoffen geht man davon aus, dass sie keine physiologische Rolle haben, die Möglichkeit der Entgiftung im Stoffwechsel besteht, die nicht spezifisch für die Chemikalie ist, allgemein keine gegenseitige Abhängigkeit bei der Exposition zu anderen Chemikalien oder Nährstoffen besteht und das Risiko von schädlichen Effekten bei niedriger Aufnahme nicht größer wird.

Nährstoffe sind verschieden; sie besitzen charakteristische biochemische und physiologische Rollen, und die biologischen Organismen haben spezifische und selektive Mechanismen entwickelt, um die Nährstoffe selbst zu akquirieren, aufzunehmen, systematisch zu verteilen, zu verstoffwechseln und zu regulieren. Dabei gibt es Unterschiede, die vom Geschlecht, Alter, besonderen physiologischen Bedingungen wie Schwangerschaft und Ernährungsgewohnheiten abhängen, weshalb auch unterschiedliche RDAs für die verschiedenen Altersgruppen und Geschlechter angegeben sind [24, 25, 31]. Diese homöostatischen Mechanismen reagieren sowohl auf Abweichungen der Aufnahme unter und über den physiologischen Bedarf [32]. Gesundheitlich nachteilige Effekte können sich sowohl bei einer zu niedrigen (Mangel) als auch zu hohen Aufnahme (Toxizität) ergeben (Abbildung 4).

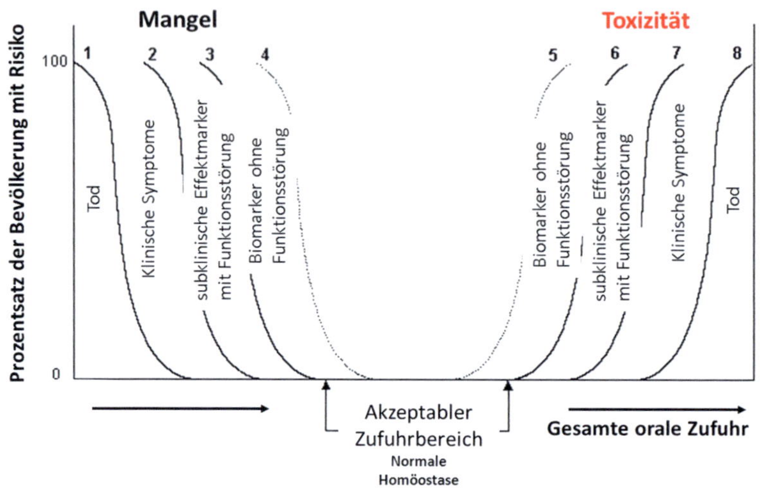

Abbildung 4: Akzeptabler Bereich oraler Zufuhr (mod. nach WHO, 2002 [32]).
Legende: Theoretische Dosis-Wirkungskurve für verschiedene Effekte, die mit zu
niedriger bzw. zu hoher Zufuhr eines essentiellen Nährstoffs auftreten können. Das
untere Ende der Kurve für kritische Effekte in Bezug auf Mangel (Kurve 3) und
Toxizität (Kurve 6) definiert den Bereich der akzeptablen oralen Zufuhr, die mit
normalem Funktionieren homöostatischer Prozesse einhergeht.

Dabei ist der Verlauf der Dosis-Wirkungskurve bei übermäßiger und
unzureichender Aufnahme abhängig von der Effizienz der Homöostase und
möglicherweise auch von der gegenseitigen Abhängigkeit der Nährstoffe
bei der Zufuhr und im Stoffwechsel (beispielsweise die Wirkungen von
Aminosäuren im Zinkmangel oder die Interaktionen von Eisen und Zink bei
der Absorption). Bei der Risikobewertung von Nährstoffen ist deshalb
auf solche Confounder (Störgrößen) zu achten [29]. Einer besonderen
Homöostase unterliegen die essentiellen Spurenelemente wie Eisen, Zink
und Kupfer, sei es bei der kontrollierten Aufnahme, z.B. über Transferrin
(Eisen) oder Ionenkanäle, deren Bindung an intrazelluläre Speicher-
proteine, z.B. bei Eisen an Ferritin oder von Zink und Kupfer an
Metallothioneine oder bei der gezielten Ausschleusung über spezifische
Proteine. Die Verteilung von Eisen ist im Organismus streng kontrolliert
[33, 34]. Größere Abweichungen können zu oxidativen DNA-Schäden und

Genmutationen führen [35, 36]. Ähnliches gilt für Kupfer [34, 37]. Auch führt ein Zinkdefizit zu vermehrten DNA-Schäden. Betroffen ist vor allem die DNA-Transkription, bei der sogenannte „Zinkfinger-Regionen" an die DNA binden [38]. Dabei können solche „Zinkfinger"-DNA-Reparaturproteine auch durch Selen inaktiviert werden [39]. Neue Erkenntnisse belegen, dass diese essentiellen Spurenelemente durch epigenetische Mechanismen an der Aufrechterhaltung der Genomstabilität beteiligt sind (Abbildung 5).

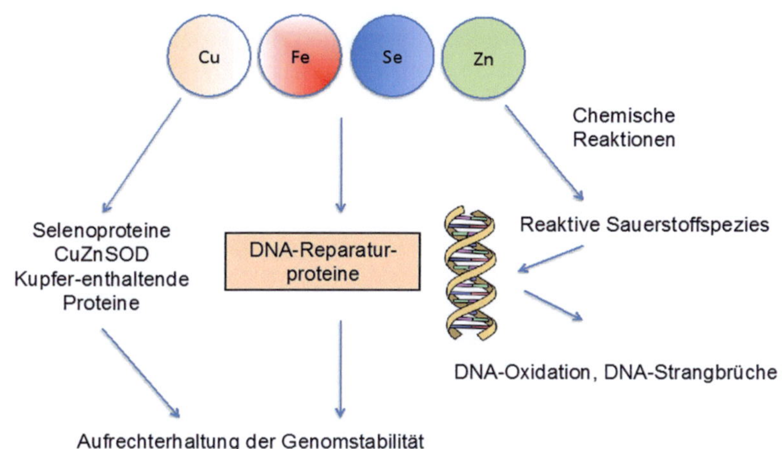

Abbildung 5: Regulation der Genomstabilität durch essentielle Mineralstoffe (mod. nach Chen 2009 [42]).

So spielen diese Elemente als Kofaktoren oder struktureller Bestandteil wichtiger antioxidativer Abwehrproteine und DNA-Reparaturenzyme bei der Regulierung von DNA-Reparaturmechanismen, Zellteilung und -differenzierung sowie beim Zelltod (Apoptose) eine entscheidende Rolle. Dabei kann es sowohl durch Mangel als auch durch eine übermäßige Zufuhr zu Veränderungen der Genomstabilität kommen [40, 41, 42, 43].

Die Ergebnisse einer Bevölkerungsstudie weisen darauf hin, dass mindestens neun Mikronährstoffe die Genomstabilität beeinflussen [44]. Während der Studie wurden bei 190 gesunden Personen (Durchschnittsalter 47,8 Jahre) die Ernährung und die Genomschädigungen in Lymphozyten analysiert. Die Ergebnisse zeigten, dass eine gesteigerte Zufuhr von Calcium, Folsäure, Niacin, Vitamin E, Vitamin A und Beta-Carotin signifikant mit erhöhter Genomstabilität assoziiert ist. Pantothensäure, Biotin und Riboflavin hingegen sorgten für eine erhöhte Instabilität. Offensichtlich ist eine Balance zwischen ausreichender Versorgung und Überversorgung notwendig, um das zelluläre System an Schutzmechanismen gegenüber DNA-Schäden aufrecht zu erhalten. Inwieweit hier neue Ansätze zur Etablierung optimaler Mikronährstoffmengen und Ernährungsmuster zur Prävention von Krebs und anderen chronischen Erkrankungen möglich sind, bedarf der weiteren Forschung [45, 46, 47].

Ableitung von Höchstmengen von Mikronährstoffen zur Anreicherung von Lebensmitteln und zu Nahrungsergänzungsmitteln – Frage der Balance

Obgleich bislang verschiedene Modelle zur Ableitung von Höchstmengen für den Zusatz von Vitaminen und Mineralstoffen zu Lebensmitteln vorgeschlagen wurden, gibt es offensichtlich bis heute kein ideales Modell, nach dem die EU Kommission als Risikomanager endgültige Höchstmengen hätte festlegen können [5, 6, 8, 9, 10, 11, 12, 13]. Theoretisch müsste die optimale Nährstoffaufnahme am Schnittpunkt des maximalen Nutzens und der minimalen Toxizität bestimmt werden – und das für jeden Nährstoff unter Berücksichtigung der Prävalenz der unterversorgten und überversorgten Gruppen [24]. Dies in der Praxis umzusetzen ist angesichts der Problematik der oft schon guten Versorgung der Anwender von Nahrungsergänzungsmitteln jedoch sehr schwierig [48, 49, 50, 51].

Im Folgenden soll die Problematik an 3 Modellen vorgestellt werden, dem BfR-Modell, dem ERNA-Modell und dem ILSI-Modell [6, 8, 9, 12, 52].

Das BfR-Modell

Das BfR-Modell (BfR steht für Bundesinstitut für Risikobewertung) verfährt bei der Ableitung von Höchstmengen für den Zusatz von Vitaminen und Mineralstoffen zu Lebensmitteln folgendermaßen:

Ausgangsbasis ist die Bevölkerungsgruppe mit der höchsten Aufnahme (Z_{95}). Die Differenz zwischen der höchsten Aufnahme und dem UL ergibt die jeweilige Restmenge (R) der Vitamin- und Mineralstoffaufnahme, die für eine sichere zusätzliche Zufuhr durch Nahrungsergänzungsmittel und angereicherte Lebensmittel zu Verfügung steht. Die Höhe des Anteils, der Nahrungsergänzungsmitteln an dieser für eine zusätzliche Zufuhr zur Verfügung stehenden Restmenge zugebilligt wird, ist frei wählbar. Er kann jeweils zwischen 0 und 100% liegen, wobei die Summe beider Anteile jedoch 100% nicht überschreiten darf.

Da VerbraucherInnen möglicherweise mehrere Nahrungsergänzungsmittel oder angereicherte Lebensmittel aufnehmen, wurde ein Expositionsfaktor (EF) bestimmt. Ziel des BfR-Modells war, die Vermeidung einer Zufuhr oberhalb des ULs sowie eine Erhöhung der Zufuhr bei unterversorgten Personen zu erreichen [6, 9].

Das BfR-Modell hat aufgrund der aufgezeigten Unsicherheiten bei der Ableitung von ULs und der fehlenden Angaben über tatsächliche Expositionen einiger Nährstoffe einen sehr konservativen Ansatz („worst case szenario"). Entscheidend ist, dass vom UL die oberste Perzentile der Zufuhrmenge abgezogen wird, die den „safe range of additional intake" angibt (Abbildung 6). Dieser sichere Bereich wird auf angereicherte Lebensmittel und Supplemente aufgeteilt.

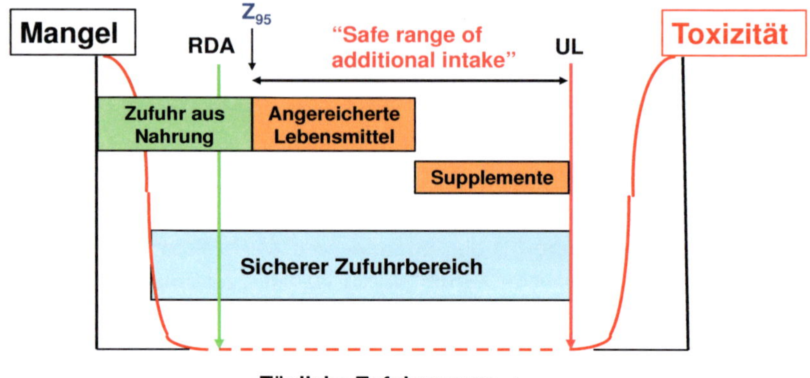

Abbildung 6: Konzept eines sicheren Zufuhrbereiches aus allen Quellen der Nahrungsaufnahme einschließlich Supplementen.
Legende: Z_{95} = gegenwärtige hohe Aufnahme (95. Perzentile) aus der normalen Nahrung (ohne Supplemente und angereicherte Lebensmittel). Die Summe der tolerierbaren Gesamtzufuhr eines Vitamins oder Mineralstoffes über angereicherte Lebensmittel und Supplemente sollte den UL nicht überschreiten. Weitere Erläuterungen s. Text.

Das ERNA-Modell

Das ERNA-Modell (ERNA steht für European Responsible Nutrition Alliance) berücksichtigt Supplemente, aber keine angereicherten Lebensmittel. Es basiert auf der Ableitung eines bevölkerungsbasierten Sicherheitsindex (PSI) für Vitamine und Mineralstoffe. Aufgrund der unterschiedlichen Sicherheitsspanne werden die Nährstoffe in die Risikokategorien A, B und C eingeteilt:

> In Kategorie A fallen Stoffe ohne Risiko, für die kein UL festgelegt wird. Dazu gehören Vitamin B_1, B_2, Biotin, Pantothensäure, Vitamin K und Chrom. Das ERNA-Modell hält Höchstmengen (Maximum Safe Level, MSL) für Stoffe der Kategorie A nicht erforderlich.

> Kategorie B enthält Stoffe mit einem geringen Risiko, den UL zu überschreiten. Dazu zählen Vitamin B_6, Vitamin C, D und E, Folsäure, Nicotinamid, Phosphor, Magnesium, Molybdän und Selen. Die

Ableitung der Höchstmengen erfolgt, indem die Zufuhr mit einem Faktor multipliziert wird und die Differenz zum UL gebildet wird.

> Für Stoffe der Kategorie C mit einem potenziellen Risiko bei hohem Verzehr schlägt das ERNA-Modell Höchstmengen (MSL) vor, die sich am RDA orientieren. In diese Kategorie gehören Vitamin A, ß-Carotin (Raucher), Calcium, Kupfer, Fluorid, Jod, Eisen, Mangan und Zink [6, 12].

Das ILSI-Modell

ILSI-Modell (ILSI steht für International Life Sciences Institute) beschränkt sich bei der Ableitung von Höchstmengen für den Zusatz von Vitaminen und Mineralstoffen ausschließlich auf energiebezogene Lebensmittel. Es eignet sich nicht für Supplemente oder energiefreie Lebensmittel [8]. Das ILSI-Modell ist nur eingeschränkt anwendbar. Es bietet ebenso wenig wie das BfR-Modell eine Lösung für Nährstoffe, für die weder SCF/EFSA noch FNB einen UL abgeleitet haben oder keine ausreichenden Daten über die Nährstoffzufuhr vorhanden sind. Des Weiteren gibt es keine Antwort auf die Frage nach den Höchstmengen für Nahrungsergänzungsmittel und für energiearme Lebensmittel, wie z.B. Erfrischungsgetränke. Die Formeln können auch nicht angewendet werden, wenn die Zufuhr in der höchsten Perzentile über dem UL liegt, wie bei Vitamin A der Fall. Der Faktor PFFn (Prozentsatz der anreicherungsfähigen Lebensmitteln) muss regelmäßig an die sich verändernde Marktsituation angepasst werden. Kritisiert wird außerdem, dass bei der Ableitung der Höchstmengen nicht UL-Werte von Kindern, Schwangeren und Stillenden als empfindliche Verbraucher-gruppen berücksichtigt wurden [10].

Ein spezielles Problem sind die unterschiedlichen Zufuhrdaten der ver-schiedenen Modelle. ERNA- und ILSI-Modell gründen ihre Berechnungen auf der Basis von Gesamtzufuhrmengen. Das BfR-Modell verwendet dagegen die Perzentile der Bevölkerungsgruppe mit dem höchsten Verzehr. Aufgrund dessen kommen die verschiedenen Modelle zu unter-schiedlichen Höchstmengenvorschlägen (vgl. Tabelle 2).

Ein hohes Schutzniveau für die gesamte Bevölkerung kann nur dann erzielt werden, wenn die Gruppen der Bevölkerung, die bereits über die übliche

Ernährung hohe Nährstoffzufuhren erreichen, als Basis für die Höchstmengenableitung herangezogen werden [9, 12].

Tabelle 2: Höchstmengenvorschläge für ausgewählte Mineralstoffe in Nahrungsergänzungsmitteln nach dem BfR- und dem ERNA-Modell.

		ERNA/ EHPM	BfR	UL SCF/ EFSA	D-A-CH/ PRI (Erwachsene Männer)
Calcium	(mg)	1000-1500	500	2500	1000
Magnesium	(mg)	250	250	250	400
Phosphor	(mg)	1250	250	-	700
Eisen	(mg)	14-20	0	-	15 (Frauen)
Zink	(mg)	10-15	2,25[a]	25	10
Kupfer	(mg)	1-2	0	5	1-1,5[c]
Jod	(µg)	150-200	100	600	200
Chrom	(µg)	-[*]	60	-	30-100[c]
Mangan	(mg)	2	0	-	2-5[c]
Molybdän	(µg)	350	80[b]	600	500-100[c]
Selen	(µg)	200	25-30	300	30-70[c]

Legende: ERNA, European Responsible Nutrition Alliance; EHPM, European Federation of Associations of Health Product Manufactures; BfR, Bundesinstitut für Risikobewertung; UL, Tolerable Upper Intake Level; D-A-CH, PRI, Bevölkerungsreferenzwerte

[*] keine Höchstmenge festgelegt, da im ERNA/EHPM Modell kein Beleg für ein Risiko bei gegenwärtiger Aufnahme gesehen wird

[a] keine Supplemente für Kinder und Jugendliche unter 18 Jahren

[b] Höchstmenge nicht gültig für Kinder unter 11 Jahren

[c] Schätzwerte

Da die Tolerable Upper Intake Levels (ULs) von Vitaminen und Mineralstoffen für Kinder und für Erwachsene in beträchtlichem Umfang differieren, ist daher bei Nahrungsergänzungsmitteln und angereicherten Lebensmitteln jeweils die Festsetzung separater Höchstmengen für beide Altersgruppen notwendig. Dies gilt um so mehr, da Kinder als die vulnerabelste Gruppe im Verhältnis zu den ULs hohe Zufuhrwerte insbesondere von

Vitamin A, Zink, Jod, Kupfer und Magnesium aufwiesen [53]. Aus pragmatischen Überlegungen sollte deshalb so vorgegangen werden, dass für Nahrungsergänzungsmittel jeweils getrennte Höchstmengen für Kinder und Erwachsene festgesetzt werden, während bei angereicherten Lebensmitteln auf eine getrennte Festsetzung verzichtet wird und die Höchstmengen an den Schutzbedürfnissen für Kinder ausgerichtet werden.

Gesundheitliche Risiken durch Magnesium, Eisen und Selen?

Magnesium – Unterschiede zu Arzneimitteln

Der SCF hat auf Basis eines NOAEL von 250 mg/Tag unter Verwendung eines UF von 1 einen Tolerable Upper Intake Level (UL) von 250 mg/Tag für den Zusatz von Magnesiumverbindungen zu Lebensmitteln des allgemeinen Verzehrs einschließlich Nahrungsergänzungsmittel abgeleitet. Nach Einschätzung des BfR besteht für Magnesium bei der Verwendung in Nahrungsergänzungsmitteln ein mäßiges Risiko für unerwünschte Wirkungen. So kann es bei hoher Dosierung von Magnesium (> 250 mg/Tag) zu osmotisch bedingten Durchfällen kommen, die allerdings reversibel sind. Das BfR empfiehlt für Nahrungsergänzungsmittel eine Höchstmenge von 250 mg festzulegen, wobei diese zulässige Tagesdosis auf 2 Einnahmen pro Tag verteilt werden sollte [9]. Im Unterschied zu magnesiumhaltigen Arzneimitteln müssen solche Nahrungsergänzungsmittel sicher sein und dürfen auch keine Nebenwirkungen aufweisen („Zu Risiken und Nebenwirkungen lesen Sie die Packungsbeilage und fragen Sie Ihren Arzt oder Apotheker" gilt nicht für Lebensmittel!). Mengenmäßig eignen sie sich deshalb auch nur zur Deckung eines normalen und erhöhten Bedarfes, nicht jedoch zur Beseitigung von Mangelzuständen.

Eisen – erhöhtes Risiko von chronischen Erkrankungen bei Überladung

Die vorgeschlagenen Höchstmengen des BfR- und des ERNA-Modells differieren teilweise erheblich (Tabelle 2). Für Eisen nennt das ERNA-Modell einen Höchstwert von 14-20 mg, das BfR-Modell dagegen keinen. Dies hat folgenden Hintergrund: Die EFSA konnte aufgrund der bestehenden Unsicherheiten für Eisen keinen UL ableiten [54]. Eisen birgt mehrere gesundheitliche Risiken: Es zeigt ab einer Dosis von 20-60 mg/kg KG akute toxische Wirkungen und führt zu gastrointestinalen Nebenwirkungen (Obstipation, Völlegefühl, Übelkeit, Durchfall, Erbrechen). Zudem ist es ein starkes Oxidans und wirkt als freies Eisen zelltoxisch. Darüber hinaus wird Eisen als Promotor von kardiovaskulären und neurodegenerativen Erkrankungen sowie Krebs diskutiert. Des Weiteren wird ein prooxidatives Zusammenwirken mit den Vitaminen A, C und E vermutet. Gefährdet sind insbesondere gesunde erwachsene Männer über 30 Jahre, postmenopausale Frauen, Personen im höheren Lebensalter und Menschen mit hereditärer oder sekundärer Hämochromatose [55, 56].

Das Food and Nutrition Board (FNB) hatte für Erwachsene einen UL von 45 mg/Tag abgeleitet, der auf akuten unerwünschten Effekten, jedoch reversiblen gastrointestinalen Effekten durch Einnahme von Eisentabletten basiert. Da in den USA 25% der Männer zwischen 31 und 50 Jahren Ferritinkonzentrationen > 200 µg/L aufweisen (in den Altersgruppen > 50 Jahre liegt die Prävalenz sogar höher), was als Risikofaktor für kardiovaskuläre Erkrankungen angesehen wird, hielt es das FNB für sinnvoll, Männern und postmenopausalen Frauen von der Einnahme von Eisensupplementen und hoch angereicherten Lebensmitteln abzuraten [57]. Das FNB spricht sich damit eindeutig gegen eine unkontrollierte Eisenzufuhr über Supplemente und angereicherte Lebensmittel aus. Aus diesem Grunde entschied sich das BfR für die Empfehlung, eine Supplementierung von Eisen nur unter ärztlicher Kontrolle durchzuführen [56].

UL von 300 µg Selen pro Tag sicher?

Im Jahr 2000 hatte der SCF für Selen einen UL für Erwachsene von 300 µg aus allen Quellen abgeleitet. Aktuelle Studienergebnisse geben jedoch Hinweise dafür, dass bereits Zufuhrmengen unterhalb des UL (200 µg/Tag) mit negativen gesundheitlichen Wirkungen einhergehen könnten:

So wurde eine randomisierte, placebo-kontrollierte Studie (Selenium and Vitamin E Cancer Prevention Trial [SELECT]) mit 35.533 Männern $\geq$ 50 Jahre, die über mindestens 7 und maximal 12 Jahre entweder Selen (200 µg als Selenomethionin) oder Vitamin E (400 IU = 268 mg als all-rac-α-Tocopherylacetat) oder eine Kombination von beiden Stoffen einnehmen sollten, 2 Jahre vor dem geplanten Ende abgebrochen, weil durch die Supplementierung kein Nachweis für eine präventive Wirkung von Selen und/oder Vitamin E auf die Entstehung von Prostatakrebs erbracht werden konnte. Stattdessen wurde ein statistisch nicht signifikantes leicht erhöhtes Risiko für Prostatakrebs in der Vitamin-E-Gruppe und für Typ-II-Diabetes in der Selengruppe beobachtet; in dem Kombinationsarm (Selen + Vitamin E) wurden diese Risikoerhöhungen nicht festgestellt [58].

Auch aus anderen Studien gibt es Hinweise dafür, dass Selenkonzentrationen im Serum > 120 ng/mL bzw. die zusätzliche tägliche Einnahme von 200 µg Selen über mehrere Jahre bei Menschen, die ausreichend mit diesem Spurenelement versorgt sind, mit einem erhöhten Diabetesrisiko einhergehen [59, 60]. In einer neueren klinisch kontrollierten Studie zeigte sich jedoch nach sechsmonatiger Supplementierung (100 – 300 µg/Tag) bei älteren Probanden mit einem niedrigen Selenstatus kein diabetogener Effekt [61].

Ferner wird berichtet, dass in ausreichend mit Selen versorgten Bevölkerungen ein Zusammenhang zwischen hohen Serumselenkonzentrationen und erhöhten Konzentrationen an Gesamtcholesterin, Triglyceriden sowie Apolipoprotein B und A-1 bzw. erhöhtem kardiovaskulärem Risiko beobachtet wurde [62, 63]. Die Mechanismen einer möglichen selenabhängigen Risikoerhöhung für die Entstehung von Diabetes oder anderen chronischen Erkrankungen wie Krebs oder kardiovaskuläre Erkrankungen sind komplex [64]. Das Vorliegen eines U-förmigen Verlaufs deutet auf einen dualen Charakter der Selenwirkung hin [63]. Die vorliegenden Daten reichen nicht aus, um eine quantitative Risikobewertung durchzuführen. Diese Studien deuten jedoch darauf hin, dass der bisher gültige UL (300 µg/Tag) für die Langzeitzufuhr von Selen keine ausreichende Sicherheit bietet. Es sind weitere kontrollierte Studien zur Aufklärung der Ursachen und zur Ermittlung einer Dosis-Wirkungs-Beziehung notwendig, bevor eine Neuableitung des UL erfolgen kann. Aus Sicht des gesundheitlichen Verbraucherschutzes erscheint es daher geboten, die Höchstmengen für Supplemente und angereicherte Lebensmittel so festzulegen, dass insgesamt nicht mehr als 200 µg Selen pro Tag aufgenommen werden.

Es ist die Aufgabe von Risikomanagern anhand der von verschiedenen nationalen und internationalen Gremien gemachten Vorschläge für Höchstmengen von Vitaminen und Mineralstoffen letztlich zu entscheiden, wie diese zum Zwecke der Anreicherung von Lebensmitteln und für Supplemente aufgeteilt werden sollen, um die Bevölkerung vor nachteiligen gesundheitlichen Wirkungen zu schützen. „Viel hilft nicht viel" - es muss entschieden werden, ob Nährstoffe ohne (bisher!) unerwünschte Wirkungen unbegrenzt oder nach ernährungsphysiologischen Gesichtspunkten zugesetzt werden sollten.

Integrierte Nutzen-Risiko-Abschätzung von Lebensmitteln

Optimale Ernährung spielt eine wichtige Rolle bei der Vorbeugung von Krankheiten. Somit ist die Nutzen- und Risikoanalyse für Lebensmittel eine absolute Notwendigkeit für die öffentliche Gesundheit. Bei der Bewertung von Nutzen und Risiken von Lebensmitteln bestehen beträchtliche Unterschiede, da Empfehlungen oftmals nur auf einer subjektiven Beurteilung beruhen. In der Vergangenheit wurden Risiken und Nutzen getrennt bewertet, wobei die Risikobewertung hauptsächlich von Toxikologen durchgeführt wurde und die Bewertung von Nutzen mehr in den Händen von Epidemiologen und Ernährungswissenschaftlern lag [17]. Zusätzliche positive gesundheitliche Effekte hinsichtlich der Prävention von Krankheiten, aber auch die messbare Reduzierung von negativen Effekten werden bei den meisten herkömmlichen Verfahren der Risikobewertung außer Acht gelassen, können aber in einer integrativen Nutzen-Risiko-Abschätzung in Betracht gezogen werden [14, 15].

In ihrem Leitliniendokument empfiehlt die EFSA ein dreistufiges Verfahren, bestehend aus: einer Erstbewertung, um festzustellen, ob eine Risiko-Nutzen-Bewertung tatsächlich notwendig ist bzw. ob die gesundheitlichen Risiken gegenüber den Vorteilen deutlich überwiegen (oder umgekehrt); eine verfeinerte Analyse, die darauf zielt, Schätzungen von Risiken und Nutzen für maßgebliche Aufnahmewerte zu quantifizieren; und schließlich ein umfassender Vergleich von Risiken und Nutzen, um die gesundheitlichen Nettoauswirkungen bestimmter Lebensmittel bewerten zu können. Dabei sollte die Risiko-Nutzen-Bewertung auf klar definierten Zielen beruhen, die vorab zwischen den Risiko-Nutzen-Bewertern und den Entscheidungsträgern zu vereinbaren sind. Bei dem Verfahren geht es dabei ausschließlich um die Abwägung der Risiken und Vorteile für die menschliche Gesundheit und nicht um andere, für Entscheidungsträger ebenfalls relevante Aspekte wie soziale, wirtschaftliche, ökologische oder ethische Faktoren [14].

Nutzen-Risiko-Abschätzung - Definition

Der Prozess der Nutzen-Risiko-Analyse sollte sich widerspiegeln in den allgemeinen Prinzipien der Risikoanalyse [21, 22] und deshalb aus den drei Komponenten Nutzen-Risiko-Bewertung, Nutzen-Risiko-Management und Nutzen-Risiko-Kommunikation bestehen [14, 15]. Analog zu den einzelnen Schritten der Risikobewertung wurden für die Nutzen-Bewertung folgende Begriffe vorgeschlagen (Abbildung 7):

- ➢ Identifizierung der positiven gesundheitlichen bzw. reduzierten negativen gesundheitlichen Effekte

- ➢ Charakterisierung der positiven gesundheitlichen bzw. reduzierten negativen gesundheitlichen Effekte (Dosis-Wirkungs-Beziehungen)

- ➢ Expositionsabschätzung

- ➢ Nutzen-Charakterisierung

Letztlich soll der Risiko-Nutzen-Vergleich die Risiken gegen die Vorteile abwägen.

Abbildung 7: Nutzen-Risiko-Abschätzung (nach EFSA 2010 [14]).

Beispiele in denen eine Nutzen-Risiko-Abschätzung angezeigt ist können sein:

- Dieselbe Substanz oder Lebensmittelbestandteil hat das Potential für sowohl positive als auch negative gesundheitliche Effekte

    a) in derselben Gruppe von Personen – z.B. Selen, Eisen, Phytosterole.

    b) in verschieden Gruppen von Personen – z.B. Anreicherung von Mehl mit Folsäure, wobei die Prävention von Neuralrohrdefekten des ungeborenen Kindes mit der möglichen Maskierung eines Vitamin B12-Mangels bei älteren Personen verglichen werden soll [19].

- Dasselbe Lebensmittel enthält Substanzen, die negative, und Substanzen, die positive gesundheitliche Effekte in derselben Bevölkerungsgruppe hervorrufen können – Beispiel: mit Umwelt-schadstoffen belastete Frauenmilch.

- Dasselbe Lebensmittel enthält Substanzen, die negative gesundheit-liche Effekte in einer Bevölkerungsgruppe haben können, und Substanzen, die positive Effekte in einer anderen Bevölkerungs-gruppe haben können – Beispiel: Fisch (n-3-Fettsäuren, Jod, Dioxine, Methylquecksilber, PCBs) [16, 65, 66].

- Bevor neue Maßnahmen, wie Anreicherung von Lebensmitteln mit Nährstoffen eingeführt werden sollen – Beispiel: Folsäure, Fluoridierung [19].

- Vorliegen neuer Erkenntnisse mit großen Auswirkungen auf Risiken oder Nutzen einer vorhergehenden Risikobewertung, Nutzen-bewertung oder Nutzen-Risiko-Abschätzung – Beispiel: mögliche Beziehung zwischen Folsäureverzehr und Kolonkrebs.

Vor einer Nutzen-Risiko-Abschätzung sollte eine umfassende Problem-formulierung mit dem Risikomanager vorgenommen werden, um vorher den Aufgabenbereich (Terms of Reference) einschließlich den Zeitplan abzustecken [14, 20]. Bei den meisten herkömmlichen Methoden der Nutzen-Risiko-Analyse werden Risiken und Nutzen getrennt voneinander beurteilt. Im Gegensatz dazu erfolgt die Beurteilung der Netto-Auswirkung von Lebensmitteln (bzw. deren Zutaten) auf die menschliche Gesundheit in Form einer integrativen Bewertung von Nutzen und Risiken. Hierzu wurde ein neues Schema für die Bewertung von Nutzen und Risiken von Lebens-mitteln entwickelt [20]. Das Modell basiert auf einem gestuften Ansatz und vergleicht, falls nötig, Nutzen und Risiken unter Verwendung vereinheit-lichender Kennzahlen wie QALY (Qualitätskorrigiertes Lebensjahr /quality adjusted life year) und DALY (Behinderungsbereinigtes Lebensjahr /disability adjusted life year). Die einzelnen Stufen unterscheiden sich grundlegend in der Art und Weise, wie Nutzen und Risiken in die Studie integriert werden. In Stufe 1 werden Nutzen und Risiken getrennt beur-teilt, während sie in Stufe 2–4 integrativ bewertet werden, indem zuneh-mend ausgeklügelte und verfeinerte Ansätze zur Anwendung kommen, die letztendlich ein Maß für die Netto-Auswirkung auf die Gesundheit liefern [20, 67].

Als Voraussetzungen für eine erfolgreiche Nutzen-Risiko-Abschätzung werden erachtet:

- Eine Nutzen-Risiko (NR)-Abschätzung mag angebracht sein, wenn der Verzehr einer Substanz, eines Nährstoffs, eines Lebensmittelbestandteils, eines Lebensmittels oder einer bestimmten Diät sowohl mit möglichem Nutzen als möglichen Risiken assoziiert ist.

- Kausalität und Dosis-Wirkungsbeziehungen sollten definiert sein.

- Verlässliche Expositionsdaten sind notwendig.

- Die NR-Charakterisierung sollte deskriptive (narrative), semiquantitative oder quantitative Daten enthalten über den Einfluss auf die Gesundheit von Bevölkerungen und Bevölkerungsgruppen.

- NR-Abschätzung muss nicht (aber kann) zu Empfehlungen führen.

- Die Kommunikation der Ergebnisse einer NR-Abschätzung an Behörden oder die Öffentlichkeit muss die Einzelheiten der verwendeten Daten, Annahmen und Unsicherheiten enthalten, die der Abschätzung zugrunde liegen, so dass die Adressaten ihre eigenen Schlüsse ziehen [14, 18].

Nutzen-Risiko-Abschätzung der Cadmiumbelastung bei vegetarischer Ernährung?

Die durchschnittliche wöchentliche Aufnahme an Cadmium über Lebensmittel ist bei Vegetariern in der Regel höher als bei Mischköstlern. So kann es zur Überschreitung der von der EFSA festgelegten vorläufig tolerierbaren maximalen Cadmiumaufnahme (Tolerable Weekly Intake, TWI) von 2,5 µg/kg Körpergewicht pro Woche kommen. In der nicht rauchenden Bevölkerung ist die Ernährung die Hauptquelle von Cadmium. Besonders hohe Gehalte sind in Innereien, vor allem in Leber und Nieren, und Schalentieren enthalten. Aber auch pflanzliche Grundnahrungsmittel wie Weizen oder Reis können stark belastet sein. Die höchsten Werte ermittelte das Scientific Panel on Contaminants in the Food Chain (CONTAM) der EFSA in Algen, Fisch, Meeresfrüchten und Schokolade. Aufgrund des hohen täglichen Konsums tragen vor allem Getreide und Getreideprodukte,

Gemüse, Nüsse und Samen, Kartoffeln sowie Fleisch und Fleischprodukte zur täglichen Cadmiumaufnahme bei. Durch eine gezielte Lebensmittelauswahl kann aber auch bei Vegetariern die Belastung innerhalb der Grenzwerte bleiben. Dennoch sind Maßnahmen zur Begrenzung der Risiken in der gesamten Nahrungskette erforderlich, um den Cadmiumgehalt in Lebensmitteln so weit wie möglich zu reduzieren.

EFSA und BfR gehen aber davon aus, dass in der Netto-Auswirkung die gesundheitlichen Nutzen einer pflanzenreichen Kost mit viel Vollkorngetreide, Obst, Gemüse und Nüssen die Risiken der Cadmiumbelastung übersteigen. Eine solche Ernährungsweise soll z.B. vor Übergewicht, Bluthochdruck, Herz-Kreislauf-Erkrankungen und möglicherweise verschiedenen Krebsarten schützen. Außerdem senkt sie das Risiko, an Diabetes mellitus Typ 2 zu erkranken [68, 69].

Fazit

Bei der Nutzen-Risiko-Bewertung von Mineralstoffen und anderen unverzichtbaren Nährstoffen bestehen z.T. noch erhebliche Unsicherheiten, insbesondere zu der Frage von optimalen Aufnahmemengen und deren Unbedenklichkeit.

Neue Erkenntnisse über die Beteiligung von solchen Nährstoffen an der Aufrechterhaltung der Stabilität des Genoms sollten zur Ermittlung von kritischen Endpunkten und geeigneten Biomarkern umgesetzt werden, um den akzeptablen Zufuhrbereich genauer definieren zu können.

Um bei dem zunehmenden Angebot von Nahrungsergänzungsmitteln und angereicherten Lebensmitteln ein wirksames Funktionieren des Binnenmarktes in Europa und gleichzeitige Sicherstellung eines hohen Verbraucherschutzniveaus zu garantieren, ist eine Festlegung von einheitlichen Höchstmengen für Vitamine und Mineralstoffe zur Vermeidung von unerwünschten Wirkungen durch übermäßige Zufuhr dringend erforderlich.

Die Höchstmengen für Vitamine und Mineralstoffe zur Anreicherung von Lebensmitteln sollten nach den Vorschlägen des BfR risikobasiert sein und bei Fehlen von Tolerable Upper Intake Levels (UL) sich an den Zufuhrempfehlungen (PRI, RDA, DACH-Referenzwerte) orientieren.

Viel hilft nicht viel – es muss daher entschieden werden, ob Nährstoffe ohne (bisher!) unerwünschte Wirkungen unbegrenzt oder nach ernährungsphysiologischen Gesichtspunkten zugesetzt werden sollten.

Bei einer integrativen Nutzen-Risiko-Abschätzung müssen Tools erarbeitet werden, um sowohl Risiken als auch mögliche zusätzliche Nutzen eines Stoffes/Lebensmittels qualitativ und quantitativ abzuwägen.

Literatur

[1]   MRI (2008) Max Rubner-Institut, Nationale Verzehrsstudie II, Ergebnisbericht, Teil 1.

[2]   Tscholl, P., Alonso, J.M., Dolle, G., Junge, A., Dvorak, J. (2010) The use of drugs and nutritional supplements in top-level track and field athletes. Am J Sports Med 38: 133-140.

[3]   Carlsohn, A., Cassel, M., Linné, K., Mayer, F. (2011) How much is too much? A case report of nutritional supplement use of a high-performance athlete. British Journal of Nutrition 105: 1724-1728.

[4]   ADA (2005) Position of the American Dietetic Association: fortification and nutritional supplements. J Am Diet Assoc. 105:1300-1311.

[5]   Mason, P. (2007) One is okay, more is better? Pharmacological aspects and safe limits of nutritional supplements. Proc Nutr Soc. 66: 493-507.

[6]   Großklaus, R. (2010) Gesundheit pur? Anreicherung von Lebensmitteln mit Nährstoffen und deren gesundheitliche Bedeutung. Aktuel Ernahrungsmed 35 (Supplement 1): S38-S44.

[7]   Grossklaus, R. (2002) Nutzen und Gefahren der Nährstoffanreicherung. In: Nährstoffanreicherung von Lebensmitteln. Elmadfa, I., König, J. (Hrsg.) Wissenschaftliche Verlagsgesellschaft mbH, Stuttgart, S. 85-103.

[8]   Flynn, A., Moreiras, O., Stehle, P., Fletcher, R.J., Müller, D.J.G., Rolland, V. (2003) Vitamins and minerals: A model for safe addition to foods. Eur J Nutr 42: 118–130.

[9]   Domke, A., Großklaus, R., Niemann, B., Przyrembel, H., Richter, K., Schmidt, E., Weißenborn, A., Wörner, B., Ziegenhagen, R. (2004) Verwendung von Mineralstoffen in Lebensmitteln. Toxikologische und ernährungsphysiologische Aspekte. Teil II. BfR-Wissenschaft 04/2004, Berlin.

[10]   Rasmussen, S.E., Andersen, N.L., Dragsted, L.O. and Larsen, J.C. (2006) A safe strategy for addition of vitamins and minerals to foods. Eur J Nutr 45: 123-135.

[11]   Kloosterman, J., Fransen, H.P., de Stoppelaar, J., Verhagen, H., Rompelberg, C. (2007) Safe addition of vitamins and minerals to foods: setting maximum levels for fortification in the Netherlands. Eur J Nutr 46: 220-229.

[12]   Richardson, D.P. (2007) Risk management of vitamins and minerals: a risk categorisation model for the setting of maximum levels in food supplements and fortified foods. Food Science and Technology Bulletin: Functional Foods 4: 51-66.

[13]   Dufour, A., Wetzler, S., Touvier, M., Lioret, S., Gioda, J., Lafay, L., Dubuisson, C., Calamassi-Tran, G., Kalonji, E., Margaritis, I., Volatier, J.L. (2010) Comparison of different maximum safe levels in fortified foods and supplements using a probabilistic risk assessment approach. Br J Nutr. 104:1848-1857.

[14]   EFSA (2010) Guidance on human health risk-benefit assessment of food. EFSA Journal 8(7)1673 [41 pp.].

[15]   EFSA (2006) Risk-Benefit Analyses of Foods. Methods and Approaches. EFSA Scientific Colloquium Summary Report 6. 13-14-July 2006. Tabiano (Province of Parma), Italy.

[16]   Sirot, V., Leblanc, J.C., Margaritis, I. (2012) A risk-benefit analysis approach to seafood intake to determine optimal consumption. Br J Nutr. 107:1812-1822.

[17]   Tijhuis, M.J., de Jong, N., Pohjola, M.V., Gunnlaugsdóttir, H., Hendriksen, M., Hoekstra, J., Holm, F., Kalogeras, N., Leino, O., van Leeuwen, F.X., Luteijn, J.M., Magnússon, S.H., Odekerken, G., Rompelberg, C., Tuomisto, J.T., Ueland, Ø., White, B.C., Verhagen. H. (2012) State of the art in benefit-risk analysis: food and nutrition. Food Chem Toxicol. 50: 5-25.

[18]   Tijhuis, M.J., Pohjola, M.V., Gunnlaugsdóttir, H., Kalogeras, N., Leino, O., Luteijn, J.M., Magnússon, S.H., Odekerken-Schröder, G., Poto, M., Tuomisto, J.T., Ueland, O., White, B.C., Holm, F., Verhagen, H. (2012)

Looking beyond borders: integrating best practices in benefit-risk analysis into the field of food and nutrition. Food Chem Toxicol. 50: 77-93.

[19]   Verhagen, H., Andersen, R., Antoine, J.M., Finglas, P., Hoekstra, J., Kardinaal, A., Nordmann, H., Pekcan, G., Pentieva, K., Sanders, T.A., van den Berg, H., van Kranen, H., Chiodini, A. (2011) Application of the BRAFO tiered approach for benefit-risk assessment to case studies on dietary interventions. Food Chem Toxicol. Jul 7. [Epub ahead of print].

[20]   Hoekstra, J., Hart, A., Boobis, A., Claupein, E., Cockburn, A., Hunt, A., Knudsen, I., Richardson, D., Schilter, B., Schütte, K., Torgerson, P.R., Verhagen, H., Watzl, B., Chiodini, A. (2010) BRAFO tiered approach for benefitrisk assessment of foods. Food Chem Toxicol. May 28. [Epub ahead of print].

[21]   WHO/FAO (2006) World Health Organization/Food and Agriculture Organization. Food safety risk analysis. A guide for national food safety authorities. FAO Food and Nutrition Paper No. 87, Rome.

[22]   WHO/FAO (2006) World Health Organization/Food and Agriculture Organization. A model for establishing upper levels of intake for nutrients and related substances. Report of a Joint FAO/WHO Technical Workshop on Nutrient Risk Assessment, Geneva.

[23]   Renwick, A.G. (2002) Pesticide residue analysis and its relationship to hazard characterisation (ADI/ARfD) and intake estimations (NEDI/NESTI). Pest Manag Sci. 58: 1073-1082.

[24]   Renwick, A.G., Flynn, A., Fletcher, R.J., Müller, D.J.G., Tuijtelaars, S., Verhagen, H. (2004) Risk–benefit analysis of micronutrients. Food and Chemical Toxicology 42: 1903–1922.

[25]   Dybing, E., Doe, J., Groten, J., Kleiner, J., O'Brien, J., Renwick, A.G., Schlatter, J., Steinberg, P., Tritscher, A., Walker, R., Younes, M. (2002) Hazard characterisation of chemicals in food and diet. dose response, mechanisms and extrapolation issues. Food Chem Toxicol. 40: 237-282.

[26]   Mertz, W. (1998) A perspective on mineral standards. J. Nutr.128 (2 Suppl): 375S-378S.

[27]   SCF (2000) Scientific Committee on Food. Guidelines of the Scientific Committee on Food for the development of tolerable upper intake levels for vitamins and minerals (adopted on 19 October 2000).

[28]   NAS (1998) National Academy of Sciences. Dietary Reference Intakes: A Risk Assessment Model for Establishing Upper Intake Levels for Nutrients. Food and Nutrition Board, Institute of Medicine. National Academy Press, Washington, DC.

[29]   Aggett, P.J. (2007) Nutrient risk assessment: Setting upper levels and an opportunity for harmonization. Food and Nutrition Bulletin 28 (suppl) S27-S37.

[30]   Aldosary, B.M., Sutter, M.E., Schwartz, M., Morgan, B.W. (2012) Case series of selenium toxicity from a nutritional supplement. Clin Toxicol (Phila). 50: 57-64

[31]   Renwick, A.G., Walker, R. (2008) Risk assessment of micronutrients. Toxicology Letters 180: 123-130.

[32]   WHO (2002) Principles and Methods for the Assessment of Risk from Essential Trace Elements. Environmental Health Criteria 228. World Health Organization, Geneva.

[33]   Boreiko, C.J. (2010): Overview of Health Risk Assessments for Zinc. Journal of Toxicology and Environmental Health, Part A: Current Issues, 73: 166-174.

[34]   Stern, B.R. (2010) Essentiality and Toxicity in Copper Health Risk Assessment: Overview, Update and Regulatory Considerations. Journal of Toxicology and Environmental Health, Part A: Current Issues, 73: 114-127.

[35]   De Freitas, J.M., Meneghini, R. (2001) Iron and its sensitive balance in the cell. Mutat Res. 475: 153-159.

[36]   Schümann, K. (2001) Safety aspects of iron in food. Ann Nutr Metab. 45: 91-101.

[37]   Linder, M.C. (2001) Copper and genomic stability in mammals. Mutat Res. 475:141-152.

[38]   Dreosti, I.E. (2001) Zinc and the gene. Mutat Res. 475:161-167.

[39]   Blessing, H., Kraus, S., Heindl, P., Bal, W., Hartwig, A. (2004) Interaction of selenium compounds with zinc finger proteins involved in DNA repair. Eur J Biochem. 271: 3190-3199.

[40]   Ferguson, L.R., Karunasinghe, N., Zhu, S., Wang, A.H. (2012) Selenium and its' role in the maintenance of genomic stability. Mutat Res. 733: 100-110.

[41]   Sharif, R., Thomas, P., Zalewski, P., Fenech, M. (2012) The role of zinc in genomic stability. Mutat Res. 733: 111-121.

[42]   Cheng, W.H. (2009) Impact of inorganic nutrients on maintenance of genomic stability. Environ Mol Mutagen. 50: 349-360.

[43]   Hartwig, A. (2001) Role of magnesium in genomic stability. Mutat Res. 475:113-121.

[44]   Fenech, M., Baghurst, P., Luderer, W., Turner, J., Record, S., Ceppi, M., Bonassi, S. (2005) Low intake of calcium, folate, nicotinic acid, vitamin E, retinol, beta-carotene and high intake of pantothenic acid, biotin and riboflavin are significantly associated with increased genome instability-results from a dietary intake and micronucleus index survey in South Australia. Carcinogenesis. 26: 991-999.

[45]   Fenech, M.F. (2010) Dietary reference values of individual micronutrients and nutriomes for genome damage prevention: current status and a road map to the future. Am J Clin Nutr. 91: 1438S-1454S.

[46]   Ames, B.N. (2010) Prevention of mutation, cancer, and other age-associated diseases by optimizing micronutrient intake. J Nucleic Acids. pii: 725071[11 pages] doi:10.4061/2010/725071.

[47]   Stover, P.J., Caudill, M.A. (2008) Genetic and epigenetic contributions to human nutrition and health: managing genome-diet interactions. J Am Diet Assoc. 108: 1480-1487.

[48]   MRI (2008) Max Rubner-Institut, Nationale Verzehrsstudie II, Ergebnis-bericht, Teil 2.

[49]   Eichenberger Gilmore, J.M., Hong, L., Broffitt, B., Levy, S.M. (2005) Longitudinal patterns of vitamin and mineral supplement use in young white children. J Am Diet Assoc. 105:763-772.

[50]   Fletcher, R.J., Bell, I.P., Lambert, J.P. (2004) Public health aspects of food fortification: a question of balance. Proc Nutr Soc. 63:605-614.

[51]   Beitz, R., Mensink, G.B., Fischer, B., Thamm, M. (2002) Vitaminsdietary intake and intake from dietary supplements in Germany. Eur J Clin Nutr. 56:539-545.

[52]   Großklaus, R., Ziegenhagen, R. (2006) Vitamine und Mineralstoffe in Nahrungsergänzungsmitteln. Eine aktuelle Risikobewertung. Bundes-gesundheitsbl-Gesundheitsforsch-Gesundheitsschutz 49: 202-210.

[53]   Flynn, A., Hirvonen, T., Mensink, G.B., Ocké, M.C., Serra-Majem, L., Stos, K., Szponar, L., Tetens, I., Turrini, A., Fletcher, R., Wildemann, T. (2009) Intake of selected nutrients from foods, from fortification and from supplements in various European countries. Food Nutr Res. 53. doi: 10.3402/fnr.v53i0.2038.

[54]   EFSA (2006) Tolerable Upper Intake Levels for Vitamins and Minerals by the Scientific Panel on Dietetic products, nutrition and allergies (NDA) and Scientific Committee on Food (SCF).

http://www.efsa.europa.eu/cs/BlobServer/Scientific_Document/upper_lev el_opinions_full-part33.pdf?ssbinary=true

[55]   Schümann, K., Ettle, T., Szegner, B., Elsenhans, B., Solomons, N.W. (2007) On risks and benefits of iron supplementation recommendations for iron intake revisited. J Trace Elem Med Biol. 21:147-168.

[56]   BfR (2009) Verwendung von Eisen in Nahrungsergänzungsmitteln und zur Anreicherung von Lebensmitteln. Stellungnahme Nr. 016/2009 des BfR vom 2. März 2009.

http://www.bfr.bund.de/cm/343/verwendung_von_eisen_in_nahrungserg aenzungsmitteln_und_zur_anreicherung_von_lebensmitteln.pdf

[57]   FNB (2002) Dietary Reference Intakes for Vitamin A, Vitamin K, Arsenic, Boron, Chromium, Copper, Iodine, Iron, Manganese, Molybdenum, Nickel, Silicon, Vanadium, and Zinc. Food and Nutrition Board, Institute of Medicine. National Academic Press, Washington DC, p. 290-393.

[58]   Lippman, S.M., Klein, E.A., Goodman, P.J., Lucia, M.S., Thompson, I.M., Ford, L.G., Parnes, H.L., Minasian, L.M., Gaziano, J.M., Hartline, J.A., Parsons, J.K., Bearden, J.D. 3rd, Crawford, E.D., Goodman, G.E., Claudio, J., Winquist, E., Cook, E.D., Karp, D.D., Walther, P., Lieber, M.M., Kristal, A.R., Darke, A.K., Arnold, K.B., Ganz, P.A., Santella, R.M., Albanes, D., Taylor, P.R., Probstfield, J.L., Jagpal, T.J., Crowley, J.J., Meyskens, F.L. Jr, Baker, L.H., Coltman, C.A. Jr. (2009) Effect of selenium and vitamin E on risk of prostate cancer and other cancers: the Selenium and Vitamin E Cancer Prevention Trial (SELECT). JAMA. 301: 39-51.

[59]   Stranges, S., Marshall, J.R., Natarajan, R., Donahue, R.P., Trevisan, M., Combs, G.F., Cappuccio, F.P., Ceriello, A., Reid, M.E. (2007) Effects of long-term selenium supplementation on the incidence of type 2 diabetes: a randomized trial. Ann Intern Med. 147: 217-223.

[60] Bleys, J., Navas-Acien, A., Guallar, E. (2007) Serum selenium and diabetes in U.S. adults. Diabetes Care. 30: 829-834.

[61] Rayman, M.P., Blundell-Pound, G., Pastor-Barriuso, R., Guallar, E., Steinbrenner, H., Stranges, S. (2012) A randomized trial of selenium supplementation and risk of type-2 diabetes, as assessed by plasma adiponectin. PLoS One. 7: e45269. doi: 10.1371/journal.pone.0045269. Epub 2012 Sep 19.

[62] Bleys, J., Navas-Acien, A., Stranges, S., Menke, A., Miller, E.R. 3rd, Guallar, E. (2008) Serum selenium and serum lipids in US adults. Am J Clin Nutr. 88: 416-423.

[63] Bleys, J., Navas-Acien, A., Laclaustra, M., Pastor-Barriuso, R., Menke, A., Ordovas, J., Stranges, S., Guallar. E. (2009) Serum selenium and peripheral arterial disease: results from the national health and nutrition examination survey, 2003-2004. Am J Epidemiol. 169: 996-1003.

[64] Steinbrenner, H., Speckmann, B., Pinto, A., Sies, H. (2011) High selenium intake and increased diabetes risk: experimental evidence for interplay between selenium and carbohydrate metabolism. J Clin Biochem Nutr. 48: 40-45.

[65] Guevel, M.-R., Sirot, V., Volatier, J.-L., Leblanc, J.-C. (2008) A Risk-Benefit Analysis of French High Fish Consumption: A QUALY Approach. Risk Analysis 28: 37-47.

[66] WHO/FAO (2011) Report of the Joint FAO/WHO Expert Consultation on the Risks and Benefits of Fish Consumption. FAO Fisheries and Aquaculture Report No. 978, Rome.

[67] De Jong, N., Verkaik-Kloosterman, J., Verhagen, H., Boshuizen, H., Bokkers, B., Hoekstra, J. (2010) An appeal for the presentation of detailed derived data for dose-response calculations in nutritional science. In: QALIBRA. Quality of Life-Integrated Benefit and Risk Analysis. Web-based tool for assessing food safety and health benefits (No 022957). Deliverable 28. Scientific paper on dose-response and uncertainty models, February 2010.

[68] EFSA (2009) Scientific Opinion of the Panel on Contaminants in the Food Chain on a request from the European Commission on cadmium in food. The EFSA Journal 980: 1-139.

[69] Großklaus, R. (2009) Nutzen–Risiko–Abwägungen bei mit Cadmium belasteten Lebensmitteln. Vortrag anlässlich des Statusseminars Cadmium

– neue Herausforderungen für die Lebensmittelsicherheit? Bundesinstitut für Risikobewertung (BfR), Berlin, am 7. Juli.

http://www.bfr.bund.de/cm/343/nutzen_risiko_abwaegungen_bei_mit_ca dmium_belasteten_lebensmitteln.pdf

Jodmangel in Deutschland – noch ein aktuelles Problem?

Roland Gärtner

Medizinische Klinik IV der Universität München, Ziemssenstr. 1, 80336 München, Germany

Email: roland.gaertner@med.uni-muenchen.de

Schlüsselwörter: Jodmangel; Epidemiologie; Jodurie; Struma; Autoimmunthyreoiditis

Kurztitel: Jodmangel in Deutschland

Zusammenfassung

In Deutschland hat sich die Jodversorgung seit Mitte der 80er Jahre des letzten Jahrhunderts signifikant verbessert, wie in mehreren regionalen und Querschnitts-Studien gezeigt werden konnte. In der ersten nach epidemiologischen Kriterien bundesweit durchgeführten Studie bei Wehrpflichtigen, Schwangeren, Neugeborenen und Senioren (Jodmonitoring 96) wurde jedoch noch ein mittleres Defizit der Jodaufnahme von 30% festgestellt. Die im Jahre 2004 ebenfalls bundesweit durchgeführte Studie bei Kindern und Jugendlichen (KIGGS) erbrachte eine mittlere Jodausscheidung von 117 µg/L. Damit liegt Deutschland in dem von der WHO empfohlenen und als ausreichend bezeichneten Bereich. Definitionsgemäß hat aber etwa die Hälfte der Untersuchten eine Jodausscheidung von < 100 µg/L und damit einen Jodmangel. Nach der neuesten Diskussion zu diesem Thema wird der Jodmangel aber dadurch überschätzt, dass die intraindividuellen Schwankungen der Jodausscheidung und der tatsächliche durchschnittliche Bedarf an Jodid nicht berücksichtigt werden. Es wird daher vorgeschlagen, den nach dem Institute of Medicine errechneten

„estimated average requirement" (EAR) Jodbedarf zusammen mit den intra-individuellen Schwankungen der Jodausscheidung im Urin (Jodurie) zu extrapolieren und somit die Mindestmenge der Jodurie zu errechnen. Damit ergibt sich für Erwachsene ein cut-off von 63 µg/L und nicht 100 µg/L. Nach diesem neuen Ansatz gibt es in Deutschland keinen Jodmangel mehr, mit Ausnahme möglicherweise der Schwangeren ohne zusätzliche Jodzufuhr.

In letzter Zeit werden häufiger Schilddrüsen-Autoantikörper bei Gesunden nachgewiesen, und dies wird mit der verbesserten Jodversorgung in Verbindung gebracht. Die Studienlage hierzu ist jedoch kontrovers. Dieses Phänomen, auch wenn es mit der verbesserten Jodversorgung in Zusammenhang stehen sollte, ist im Vergleich zu den Vorteilen der ausreichenden Jodversorgung zu vernachlässigen.

Einführung

Etwa 92% des mit der Nahrung zugeführten Jodids wird über den oberen Gastrointestinaltrakt resorbiert und aktiv über den Natrium-Jod-Symporter in die Schilddrüsenzelle aufgenommen. Nach Oxydierung zu J^+ durch die Oxydasen (DUOX 1 und 2) wird Jod an die Tyrosinreste des Thyreoglobulin gebunden als erste Stufe der Schilddrüsenhormon Synthese. In Abhängigkeit vom intrathyreoidalen Jodgehalt wird mehr oder weniger Jodid aufgenommen, der Rest über die Niere ausgeschieden. Im Gleichgewichtszustand entspricht die Jodausscheidung im Urin über 24 h in etwa der täglichen Jodaufnahme, nur etwa 10% werden über die Galle und den Stuhl ausgeschieden [1].

Jodmangel bewirkt zunächst eine Hypertrophie der Thyreozyten und bei länger andauerndem Jodmangel eine Hyperplasie. Die Proliferation der Thyreozyten beginnt ab einem Jodgehalt unter 150 µg Jod/g Gewebe. Eine Struma ist somit das Zeichen eines chronischen Jodmangels und war historisch gesehen das erste Kriterium zur Definition von Gebieten mit einem endemischen Jodmangel [2].

Die mit einer Jodmangelernährung assoziierten Erkrankungen sind aber nicht nur die Struma mit und ohne Knoten, sondern vor allem mentale und psychomotorische Entwicklungsstörungen bei Kindern bis hin zum Kretinismus. Eine Beseitigung des weltweiten Jodmangels in der Ernährung wäre die einfachste und kostengünstigste Prophylaxe dieser Erkrankungen, die nach WHO-Berechnungen etwa 0,04 € pro Jahr und Person kosten würde. Gegenwärtig leiden noch ca. 2,2 Milliarden Menschen weltweit an einem Jodmangel [3].

In Deutschland hat die tägliche Jodzufuhr durch die Bemühungen des Arbeitskreises Jodmangel und der Deutschen Gesellschaft für Ernährung (DGE) und den daraus hervorgegangenen gesetzlichen Änderungen in den letzten Jahrzehnten signifikant zugenommen [4]. Der Jodmangel kann am besten durch eine Jodsalzprophylaxe beseitigt werden, denn die Salzzufuhr ist, im Gegensatz zu anderen Nahrungsmitteln, am ehesten konstant. Um sowohl eine Unter- als auch Überversorgung der Bevölkerung zu vermeiden sollte jedoch die Jodversorgung durch Bestimmung der Jodurie regelmäßig überprüft werden [3]. Eine ausreichende Jodversorgung ist dann erreicht, wenn die tägliche Jodaufnahme der Bevölkerung zwischen 150 und 300 µg pro Tag beträgt (Tabelle 1).

Erhebungen zur Jodversorgung in Deutschland

Die Jodversorgung einer Population wird üblicherweise über die Jodausscheidung im Urin bestimmt und daraus die tägliche Jodaufnahme abgeleitet (Tabelle 1). Früher wurde die Jodausscheidung auf Gramm Kreatinin bezogen, was bei normal ernährten und gesunden Personen einen genaueren Wert ergibt als nur die Jodkonzentration im Spontanurin, allerdings bei unterernährten Personen in Entwicklungsländern zu falsch hohen Werte führen kann. Die Jodausscheidung im 24-h Urin wäre am genausten, ist aber nicht praktikabel, und daher wird für epidemiologische Zwecke die Jodausscheidung im Spontanurin für ausreichend erachtet [1].

Eine zusätzliche Methode wäre die Analyse der Jodmenge in den täglich verzehrten Nahrungsmitteln, was aber wiederum für größere Studien nicht geeignet ist. Man kann aber aus der Jodausscheidung auf die tägliche Jodzufuhr schließen, wie im „Jodmonitoring 96" gezeigt wurde [5]. Die sonographische Bestimmung des Schilddrüsenvolumens einer Population korreliert mit der durchschnittlichen chronischen Jodzufuhr sehr gut und besser als die Jodbestimmung im Spontanurin, wurde aber nur in wenigen Untersuchungen wegen des großen logistischen Aufwandes angewendet.

Es gibt für Deutschland leider nur wenige repräsentative, epidemiologische Untersuchungen, in denen die Jodzufuhr bzw. Jodausscheidung in den verschiedenen Altersgruppen untersucht wurde. Die erste deutschlandweite epidemiologische Untersuchung („Jodmonitoring 96") bei Jugendlichen, Schwangeren und älteren Menschen wurde 1996 durchgeführt und hat gezeigt, dass die Jodversorgung, verglichen mit den letzten 30 Jahren, signifikant zugenommen hat, allerdings aber noch in einem Bereich liegt, der nach WHO-Definition als milder Jodmangel zu bezeichnen ist [4, 5]. Die mittlere Jodaufnahme lag bei etwa 120-140 µg pro Tag (normal > 150-300 µg). Am schwerwiegendsten war aber, dass etwa 40% aller Neugeborenen einen Jodmangel Grad I nach WHO-Definition hatten. Das bedeutet für diese Kinder bereits ein höheres Risiko für eine psychomotorische Entwicklungsstörung [3].

Das früher häufig zitierte Nord-Süd-Gefälle hat sich in dieser Studie nicht bestätigt. Die mittlere Jodaufnahme ist in Norddeutschland identisch mit der in Süddeutschland. Aber es gibt starke regionale Schwankungen in der Jodzufuhr, ohne dass es aber Gegenden mit einem zuviel an Jodzufuhr gibt [5]. Dies konnte in einigen regionalen Untersuchungen bei Schulkindern bestätigt werden. So konnte an über 3000 Schulkindern in 128 verschiedenen Städten in Deutschland gezeigt werden, dass die Jodausscheidung im Mittel bei 148 µg/L Urin liegt, nur 6% hatten eine Jodausscheidung < 50 µg/L, 20% eine Jodausscheidung < 100 µg/L [6]. Die Untersuchungen an 591 Schulkindern aus der Region Würzburg ergaben ein ähnliches Resultat [7]. In der „Greifswalder Studie" wurden vergleichbare Ergebnisse erzielt, die mittlere Jodausscheidung bei Schulkindern in Mecklenburg-Vorpommern liegt bei 122 µg/L [4]. In einer Studie aus Erlangen betrug die mittlere Jodausscheidung bei Schulkindern 111 µg/L [8]. Bei Erwachsenen einer Universitätsklinik in Leipzig betrug die Jodausscheidung im Mittel 124 µg/L [9]. Einschränkend muss allerdings dazu gesagt werden, dass diese Untersuchungen mit Ausnahme der Greifswalder Studie nicht nach streng epidemiologischen Gesichtspunkten durchgeführt wurden und nicht repräsentativ für die Situation in Deutschland sind. Zudem muss berücksichtigt werden, dass Schulkinder mehr Milch trinken, eine wesentliche Jodquelle in der täglichen Ernährung.

Wir haben den Jodgehalt in verschiedener kommerziell erhältlicher Milch gemessen, er liegt zwischen 25 und 300 µg Jod pro Liter Milch, im Mittel 95 µg/L (eigene Daten, unpublished).

Regionale Unterschiede der Jodurie wurden kürzlich auch bei Erwachsenen in Mecklenburg-Vorpommern (Ship-Studie) verglichen mit der Gegend um Augsburg (KORA-Studie) gefunden [10]. Während die mittlere Jodausscheidung in der KORA-Studie bei 156 µg/L lag betrug sie in der Ship-Studie 110 µg/L.

In der neuesten repräsentativen bundesweiten Studie (Kinder- und Jugendgesundheits-Survey, KIGGS) wurde neben der Jodurie auch das Schilddrüsenvolumen bei ca. 18000 Kindern und Jugendlichen untersucht, und es zeigte sich, dass die mittlere Jodausscheidung bei 117 µg/L lag, aber etwa 30% der Jugendlichen ein Schilddrüsenvolumen oberhalb der von der WHO angegebenen Normalwerte hatten [11].

Derzeit werden die Daten der Jodurie bei Erwachsenen ausgewertet, die im Rahmen eines vom Robert Koch Institut durchgeführten bundesweiten Surveys erhoben wurden.

Jodmangelerkrankungen sind erst nach drei Generationen wirklich eliminiert. Dies zeigt sich auch an den Untersuchungen, in denen Schilddrüsen von freiwilligen Probanden sonographisch untersucht wurden (Papillon-Studie). In dieser jüngsten großen Feldstudie (Schilddrüsen-Initiative Papillon) wurde im Jahre 2001 bei mehr als 90 000 Beschäftigten in verschiedenen Betrieben Deutschlands die Schilddrüse sonographisch untersucht [12]. Dabei zeigte sich, dass 26,7% der Teilnehmer einen oder mehrer Knoten in der Schilddrüse aufwiesen, und 17,3% hatten eine Struma ohne Knoten. Frauen waren dabei signifikant häufiger als Männer betroffen. In der Altersgruppe der 18-30jährigen Frauen lag die Inzidenz bei 12,1% (Männer 7,7%), in der Gruppe der 31-45jährigen bei 26,9% (Männer 16,7%) und in der Gruppe der 46-65jährigen sogar bei 41,7% (Männer 29,0%). Dies spiegelt eindeutig den früheren Jodmangel wider, denn die Strumen und Knoten entwickeln sich meist im jüngeren Lebensalter, und die mittlere Jodaufnahme vor etwa 30 Jahren lag bei nur etwa 40-80 µg pro Tag [13].

Aus epidemiologischen Daten geht hervor, dass offenbar Knotenstrumen familiär gehäuft auftreten. Es wird daher gegenwärtig untersucht, welche genetischen Faktoren hierfür verantwortlich sein könnten. Offenbar gibt es Menschen, die eine höhere Jodzufuhr benötigen, um keine Knotenstrumen zu bekommen.

Neuer hypothetischer Ansatz zur Berechung der Mindest-Jodurie in epidemiologischen Studie

Die Diskussion darüber, ob sich in Gegenden mit einer mittleren Jodurie von knapp über 100 µg/L nicht doch zeigt, dass definitionsgemäß etwa die Hälfte der Bevölkerung einem Jodmangel ausgesetzt ist, wurde in den letzten Jahren ausführlich diskutiert. Es wurde hierzu jetzt ein neuer Ansatz zur Bestimmung des unteren „cut-off" Wertes von Vertretern der International Council for the Control of Iodine Deficiency Disorders (ICCIDD) publiziert [1]. Es wurde die Hypothese aufgestellt, dass der untere Wert von 100 µg Jod/L den Jodmangel weltweit überschätzt. Dieser neue Ansatz beruht auf Studien zur Strumahäufigkeit, den intra-individuellen Schwankungen der Jodurie, sowie der vom Institute of Medicine (IOM) erstellten Formel zur Berechung des Mindestbedarfes an Jod zur Auf-rechterhaltung der normalen Schilddrüsenfunktion.

Ältere Studien insbesondere auch aus der Schweiz zeigen, dass die Strumahäufigkeit (> 10% Strumen in einer Population) erst ab einer Jodausscheidung von unter 60 µg/L ansteigt [1]. Die vom IOM vorgestellte Formel zur Berechnung des EAR beruht auf Daten des Jodumsatzes bei gesunden Probanden:

$$\text{EAR} = \text{Jodaufnahme } (\mu g \times L^{-1} / 0{,}92 \times 0{,}0009\ L \times h^{-1} \times 24h \times d^{-1} \times kg)$$

Hierbei wird angenommen, dass 92% des aufgenommenen Jods resorbiert wird, der Faktor 0,0009 wurde empirisch für die Jodausscheidung berechnet. Der mit Hilfe dieser Formel errechnete Jodbedarf zusammen mit den intra-individuellen Schwankungen der Jodurie wurde nun extrapoliert und die Mindestmenge der Jodurie zu errechnen. Damit ergibt sich für Erwachsene ein unterer „cut-off" der ausreichenden Jodversorgung von 63 µg/L und nicht 100 µg/L. Damit würde eine mittlere Jodausscheidung in epidemiologischen Untersuchungen von 100 µg/L nicht mehr bedeuten, dass 50% der Bevölkerung einen Jodmangel haben, sondern eine ausreichende Jodversorgung der Gesamtbevölkerung widerspiegeln und nur 7% eine unzureichende Jodaufnahme haben.

Das Problem dabei ist, dass davon ausgegangen wird, dass die Jodspeicher der Schilddrüse ausreichend gefüllt sind und die Nierenfunktion normal ist. Die KIGGS Daten mit einer Strumaprävalenz von 30% bei mittlerer Jodurie von 117 µg/L widersprechen diesen neuen hypothetischen Überlegungen. Inwieweit sich diese Absenkung des unteren Wertes des UIC in Studien weiter belegen lässt wird abzuwarten sein. Insbesondere sehen wir Probleme bei der Risikogruppe der Schwangeren. Bei diesen errechnet sich ein unterer Wert von 95 µg/L, im Gegensatz zu dem bisher von der WHO empfohlenem Wert von > 150 µg/L [3].

Jod und Autoimmunthyreoiditis (AIT)

In den letzten Jahren wurde zunehmend darauf hingewiesen, dass eine Verbesserung der Jodversorgung zu einer erhöhten Inzidenz von Autoimmunerkrankungen der Schilddrüse kommen könnte. Für Deutschland gibt es leider keine epidemiologischen Daten über die tatsächlichen Funktionsstörungen bei AIT sowie Prävalenz erhöhter, Schilddrüsenspezifischer Autoantikörper (TPO-Ak). In einer neueren Studie bei freiwilligen Mitarbeitern einer Firma wurden bei 13% positive TPO-Ak nachgewiesen, ein erhöhtes TSH (> 2,5 µU/ml) bei 3,9% [13]. In einer Studie aus Mecklenburg-Vorpommern bei 4000 Gesunden (Alter 20-79 Jahre) betrug die Prävalenz erhöhter TPO-Ak 11,1% und bei 1,2% wurde ein erhöhtes TSH (definiert > 2,1 µU/ml) gemessen [14]. In der bereits zitierten Vergleichsstudie von KORA und Ship [10] war die Jodausscheidung in der

KORA-Studie signifikant höher, die Prävalenz der TPO-Ak aber identisch zur Ship-Studie, insgesamt aber mit nur etwa 1-2% deutlich niedriger als bei allen anderen Studien. Dies könnte daran liegen, dass der „cut-off" bei > 200 U/L angesetzt wurde und höher ist als bei den anderen Studien.

In der Wickham Studie aus England wurden bei 8% der jüngeren Frauen und bei 16% der über 60-Jährigen erhöhte TPO-Ak nachgewiesen. Davon wurde bei 6% der Frauen unter 60 Jahren eine subklinische Hypothyreose diagnostiziert, bei 7-10% der Frauen über 60 Jahren und bei 20% der Frauen über 75 Jahre mit erhöhten TPO-Ak. Bei Männern liegt die Prävalenz etwa 8-mal niediger [15]. Weniger als 2% aller Frauen und weniger als 1% der Männer hatten eine Hyperthyreose. Ähnliche Ergebnisse wurden in der „Colorado Thyroid Disease Prevalence Study" gefunden [16]. Die Jodausscheidung in England und den USA lag bei etwa 200-300 µg/L, also um den Faktor 2-3 höher als in Deutschland, und die Prävalenz der TPO-Ak war aber vergleichbar.

In einer dänischen Studie konnte gezeigt werden, dass die Prävalenz von Hypothyreosen infolge einer AIT in Gebieten mit moderatem Jodmangel (mittlere Jodurie 68 µg/L) um 53% höher ist im Vergleich zu Gegenden mit mildem Jodmangel (mittlere Jodurie 53 µg/L) nach der Einführung der Jodsalzprophylaxe. Umgekehrt waren die Hyperthyreosen häufiger in Gegenden mit mildem Jodmangel [17]. Die Prävalenz von TPO-Ak war aber in beiden Gruppen mit 18,8% identisch und nur geringfügig höher als in anderen Ländern, trotz der niedrigeren Jodzufuhr. Keine unterschiedliche Prävalenz von erhöhten TPO-Ak konnte in einer älteren Studie in Dänemark vor Einführung der Jodsalzprophylaxe gezeigt werden, in der nach epidemiologischen Kriterien die Bevölkerung aus einem Gebieten mit mildem Jodmangel verglichen wurde mit der einer ausreichenden Jodversorgung [18]. Zum selben Ergebnis kam eine Studie bei Kindern und Jugendlichen in Berlin: trotz Verbesserung der Jodversorgung war die Inzidenz von positiven TPO-Ak unverändert verglichen mit früheren Daten bei schlechterer Jodversorgung [19]. Auch hatten die Kinder mit positiven TPO-Ak keine höhere Jodausscheidung sondern eine niedrigere im Vergleich zu den Kindern ohne TPO-Ak. Die Jodausscheidung der Kinder in Berlin war mit 147 µg/L höher im deutschlandweiten Vergleich.

Kürzlich wurde eine Studie aus China publiziert [20], in der die Prävalenz und 5-Jahres Inzidenz von Schilddrüsenerkrankungen in Gebieten mit sehr hoher Jodaufnahmen (mittlere Jodausscheidung 375 bzw. 615 µg/L) verglichen wurde mit einem Gebiet mit mildem Jodmangel (mittlere Jodausscheidung 103 µg/L). Es ist die bisher größte Studie sowohl zur Prävalenz als auch Inzidenz von Autoimmunerkrankungen der Schilddrüse mit über 3000 Patienten. Dabei zeigte sich, dass die Prävalenz und Inzidenz von positiven Schilddrüsen-Autoantiköpern identisch in allen drei Gebieten ist (Tabelle 2) und der Prävalenz weltweit entspricht. Auch ist die Inzidenz von manifesten Hypothyreosen nicht signifikant unterschiedlich. Sie beträgt 0,2% bei mildem Jodmangel, 0,5% bei mehr als adäquater Zufuhr und 0,3% bei exzessiver Jodzufuhr. Die Prävalenz der manifesten Hypothyreose ist in dem Gebiet mit der höchsten Jodversorgung mit 2% signifikant höher verglichen mit dem Gebiet der niedrigsten Jodversorgung (0,3%), dasselbe gilt für die Prävalenz der subklinischen Hypothyreose. Allerdings muss man berücksichtigen, dass hohe Joddosen allein eine Hypothyreose verursachen können, weil hierdurch die Schilddrüsenfunktion blockiert wird (Wolff-Chaikoff-Effekt), also nicht Ursache der durch Jod induzierten AIT.

Die Prävalenz des M. Basedow, der auch eine Autoimmunerkrankung der Schilddrüse ist, betrug im Jodmangel 1,4%, bei exzessiver Zufuhr aber nur 1,1% und auch die 5-Jahres Inzidenz blieb unverändert (0,8%, 0,6% und 0,6%). Dies ist ein eindeutiger Hinweis darauf, dass nicht die Jodversorgung, sondern andere, möglicherweise bedeutsamere Faktoren (Umwelt, Genetik, Selenversorgung) ursächlich für die Entstehung der AIT mit Funktionsstörungen verantwortlich sind [21, 22]. Gerade die Basedow'sche Erkrankung sollte ja unter einer erhöhten Jodzufuhr häufiger sein. Strumen und Knotenstrumen waren wie zu erwarten signifikant seltener in Gegenden mit einer höheren Jodzufuhr.

In schon älteren tierexperimentellen Untersuchungen konnte gezeigt werden, dass nur Ratten, die genetisch bedingt spontan eine AIT entwickeln, durch Füttern von hohen Joddosen eine AIT früher entwickeln als die Kontrolltiere mit niedrigerer Jodidsubstitution [23]. Auch bei Menschen ist eindeutig belegt, dass die Entwicklung einer AIT genetisch determiniert ist [24]. Damit ist eindeutig belegt, dass die AIT sich nur bei Patienten mit einer genetischen Disposition entwickeln kann, davon sind etwa 10% der

Bevölkerung betroffen, und nur sehr hohe Joddosen, aber auch andere Faktoren wie Stress, virale Infektionen oder Selenmangel zu einer früheren Manifestation beitragen können [21].

In einer kleinen prospektiven Untersuchung bei Strumapatienten konnte eine erhöhte Inzidenz von positiven Thyreoglobulin-Antikörpern (Tg-Ak) 12 Monate nach einer hohen Jodidsubstitution (500 µg Jodid/Tag) im Vergleich zur Kontrollgruppe (200 µg Jodid/Tag) nachgewiesen werden [25]. Insgesamt entwickelten 14% der Patienten unter der hohen Jodidsubstitution Tg-Ak, keiner aber eine subklinische oder manifeste Hypothyreose oder TPO-Ak.

Bei einer AIT mit manifester Hypothyreose (Hashimoto-Thyreoiditis) nimmt die Schilddrüse definitionsgemäß wenig bis kein Jod mehr auf. Eine normale Jodzufuhr ist bei diesen Patienten offensichtlich nicht schädlich, sie können weiterhin Lebensmittel, die mit Jodsalz hergestellt wurden, zu sich nehmen, auch Jodsalz im Haushalt verwenden. Sie müssen also kein Jod meiden, benötigen aber keine höhere Jodzufuhr.

Eine Exazerbation der AIT kann eindeutig mit typischen Veränderungen der weiblichen Hormone in Zusammenhang gebracht werden, wie sie postpartal und perimenopausal auftreten und ebenso mit negativem psychischen Stress. Patientinnen mit einem Polycystischen Ovarsyndrom (PCOS) haben eine vergleichbare Hormonkonstellation der weiblichen Hormone wie postpartale oder perimenopausale Frauen, sie haben keine Ovulation und daher keine Gestagene, die die Immunreaktion ganz generell unterdrücken, ähnlich den männlichen Hormonen. Diese Frauen haben etwa 3-mal häufiger positive TPO-Ak im Vergleich zu altersgleichen Frauen [26].

Auch ein intrathyreoidaler Selenmangel, und damit eine verminderte Glutathionperoxidase-Aktivität, sind ursächlich mit an der Entstehung einer AIT verantwortlich. Dies wurde schon früher epidemiologisch und tierexperimentell belegt und in Interventionsstudien bewiesen [27, 28].

Jod ist ein essentieller Baustein von Schilddrüsenhormonen und für das Leben und vor allem die Entwicklung des Fetus unabdingbar. Daher müssen alle Schwangeren, auch wenn sie eine AIT haben, unbedingt ausreichend Jod für das Kind zuführen, mindestens 250 µg pro Tag, also etwa 150 µg mehr als sie mit der täglichen Ernährung derzeit zuführen. Tun sie das nicht, gefährden sie die normale Entwicklung ihres Kindes. Die Warnung vor einer Jodaufnahme bei diesen Frauen ist also gefährlich für das sich entwickelnde Kind. Für die Mutter besteht keine Gefahr, denn die TPO-Ak fallen regelhaft in der Schwangerschaft ab, bedingt durch die hohen Gestagene. Empfehlungen, Jod in der Schwangerschaft zu meiden, wenn bei der Mutter eine AIT vorliegt, widersprechen dem Stand des heutigen Wissens [29].

Fazit

Nachdem die Verwendung von Jodsalz auf freiwilliger Basis beruht, müssen unsere Bemühungen weiter dahin gehen, dass die Verwendung von jodiertem Speisesalz sowohl im Haushalt als auch in der Industrie weiter zunimmt, oder zumindest konstant bleibt. Bisher wird jodiertes Speisesalz im Haushalt nur von etwa 75% der Haushalte wahrgenommen, und der Anteil von jodiertem Speisesalz in der Herstellung von Fertignahrungsmitteln, Brot und Wurstwaren beträgt nur 35%, mit leider abnehmender Tendenz. Anzustreben ist eine Anhebung der Jodsalzverwendung auf mehr als 90% in den Haushalten und Backwaren. Die Ängste vor Jod müssen weiter abgebaut werden und die Bedeutung der Jodprophylaxe als wesentlicher Baustein der Gesundheitsvorsorge weiterhin hervorgehoben werden.

Besondere Risikogruppen, wie Schwangere und Stillende, müssen weiterhin mit Jodidtabletten substituiert werden, da der Gehalt an Jod in der Muttermilch deutschlandweit nach wie vor ohne zusätzliche Jodzufuhr immer noch zu gering ist. Er beträgt im Mittel 52 µg/L (normal > 75 µg/L) [7]. Zu empfehlen ist eine Jodidzufuhr von etwa 100-150 µg bei Schwangeren.

Häufig besteht die Angst vor einem Zuviel an Jod bzw. einer Überversorgung. Eine Überversorgung konnte bisher in keiner der vorliegenden deutschen Studien belegt werden. Inwieweit die Zunahme der Prävalenz von TPO-Ak mit Anhebung der Jodversorgung assoziiert ist, bleibt kontrovers und ist möglicherweise nur ein transientes Phänomen. Zudem ist der

Nachweis von niedrigen TPO-Ak Titern noch keine Erkrankung. Eine weitere Befürchtung ist eine Zunahme von Hyperthyreosen bei älteren Patienten mit Knotenstrumen und Autonomien. Hierfür gibt es bislang ebenfalls keine gesicherten Hinweise. Von einer Gefährdung der Bevölkerung durch die bisher erreichte, verbesserte Jodzufuhr durch jodiertes Speisesalz kann daher keinesfalls ausgegangen werden.

Tabelle 1: Einteilung des Schweregrades eines Jodmangels einer Bevölkerung nach gemessener mittlerer Jodausscheidung und der korrespondierenden Jodaufnahme (nach WHO/ICCIDD-Kriterien).

Mittlere Jod Konzentration (µg/L)	Korrespondierende Jodaufnahme pro Tag (µg)	Jodversorgung
< 20	< 30	Schweres Defizit
20-49	30-74	Moderater Mangel
50-99	75-149	Milder Mangel
100-199	150-299	Optimal
200-299	300-449	Mehr als adäquat
> 299	> 449	Mögliche Überversorgung

Tabelle 2: Prävalenz und Inzidenz nach 5 Jahren von Autoimmunerkrankungen der Schilddrüse in drei Gebieten mit mildem Jodmangel, mehr als adäquater und exzessiver Jodzufuhr (mod. nach [20]).

Erkrankung Prävalenz/Inzidenz (%)	Milder Jodmangel 103 µg/L	>adäquate Jodzufuhr 375 µg/L	Exzessive Jodzufuhr 615 µg/L
Hypothyreose	0,3 / 0,2	0,9 / 0,5	2 / 0,3
Subkl. Hypothyreose	0.9 / 0,2	2,9 / 2,6	6,1 / 2,9
Hashimoto	0,4 / 0	1 / 0,3	1,5 / 0,5
M. Basedow	1,4 / 0,8	1,3 / 0,6	1,1 / 0,6
Hyperthyreose	1,6 / 1,4	2,0 / 0,9	1,2 / 0,8

TPO-Ak	9,2/ 2,8	9,8 / 4,1	10,5 / 3,7
TgAK	9,0 / 3.3	9,0 / 3,9	9,4 / 5,1
Diffuse Struma	19,5 / 7,1	13,5 / 4,4	5,1 / 6,9
Solitärer Knoten	8,8 / 4,0	8,3 / 5,7	4,1 / 5,6
Knotenstruma	3,7 / 5,0	3,4 / 2,4	2,5 / 0,8
Multiple Knoten	3,8 / 0,4	1,9 / 1,2	6,7 / 1,0

Literatur

[1]	Zimmermann B, Andersson M. Assessment of iodine Nutrition in populations: past, present and future. Nutrition Rev 70: 553-570 (2012).

[2]	Gärtner R, Dugrillon A. Vom Jodmangel zur Struma. Pathophysiologie der Jodmangelstruma. Internist 39 (1998) 566-573.

[3]	Zimmermann MB. Iodine deficiency. Endocr Rev 2009; 30: 376-408.

[4]	Meng W, Scriba PC. Jodversorgung in Deutschland. Deutsches Ärzteblatt 99: B2185-91 (2002).

[5]	Manz F, Böhmer Th, Gärtner R, Grossklaus R, Klett M, Schneider R. Quantification of iodine supply: Representative data on intake and urinary

excretion of iodine from the German population in 1996. Ann Nutr Metab 46: 128-138 (2002).

[6]   Hampel R, Beyersdorf-Radeck B, Below H, Demuth M, Seelig K. Urinary iodine levels within normal range in German school-age children. Med Klin 96: 125-8 (2001).

[7]   Rendl J, Juhran N, Reiners C. Thyroid volumes and urinary iodine in German school children. Exp Endocrinol Diabetes 109: 8-12 (2001).

[8]   Rauh M, Verwied-Jorky S, Gröschl M, Sönnichsen A, Koletzko B, Dörr HG. Aktueller Stand der Jodversorgung bei Erlanger Schulanfängern. Monatsschrift Kinderheilkunde 9: 957-961 (2003).

[9]   Brauer VFH, Brauer WH, Führer D, Paschke R. Iodine nutrition, nodular thyroid disease,and urinary iodine excretion in a German university study population. Thyroid 15: 364-370 (2005).

[10]   Meisinger C, Ittermann T, Wallaschoski H, Heier M, Below H, Kramer A, Döring A, Nauck M, Völzke H. Geographic variations in the frequency of thyroid disorders and thyroid peroxidase antibodies in persons without former thyroid disease within Germany. European J Endocrinol 167: 363-371 (2012).

[11]   Thamm M, Ellert U, Thierfelder W, Liesenkötter KP, Völzke H. Jodversorgung in Deutschland. Bundesgesundheitsbl-Gesundheitsforsch-Gesundheitsschutz 50: 744-749 (2007).

[12]   Reiners C, Wegscheider K, Schicha H, Theissen P, Vaupel R, Wrbitzky R, Schumm-Draeger PM. Prevalence of thyroid disorders in the working population of Germany: ultrasonography screening in 96,278 unselected employees. Thyroid. 2004 Nov;14(11): 926-32.

[13]   Kübler W, Balzter H, Grimm R, Schek A, Schneider R. National food consumption survey (NVS) and co-operative study: nutrition survey and risk factors analysis (VERA): Synopsis and perspectives. Niederkleen: Fleck; A36-A37, 1997.

[13]   Döbert N, Balzer K, Diener J, Wegscheider K, Vaupel R, Grünwald F. Schilddrüsen-Ultraschall,-Peroxidase und –Funktion Neue epidemiologische Daten bei nicht selektiertendeutschen Angestellten Nuklearmedizin 47 5: 194-199 (2008).

[14]   Völzke H, Lüdemann J, Robinson DM, Spieker KW, Schwahn C, Kramer A, John U, Meng W. The prevalence of undiagnosed thyroid disorders in a previously iodine-deficient area Thyroid. 8: 803-10 (2003).

[15]   Tunbridge WMG, Evered DC, Hall R. The spectrum of thyroid disease in a community. The Whickham Survey. Clin Endocrinol 1997(7): 481-499.

[16]   Canaris GJ, Manowitz NR, Mayor G, Ridgway EC. The Colorado thyroid disease prevalence study. Arch Intern Med 2000(160): 526-34.

[17]   Laurberg P, Jørgensen T, Perrild H, Ovesen L, Knudsen N, Pedersen IB, Rasmussen LB, Carlé A, Vejbjerg P. The Danish investigation on iodine intake and thyroid disease, DanThyr: status and perspectives. Eur J Endocrinol. 155: 219-28 (2006).

[18]   Petersen IB, Knudsen N, Jorgensen T, Perrild H, Ovesen I, Laurberg P. Thyroid peroxidase and thyroglobulin autoantibodies in a large survey of populations with mild to moderate iodine deficiency. Clin Endocrinol 58: 36-42 (2003).

[19]   Kabelitz M, Liesenkotter KP, Stach B, Willgerodt H, Stablein W, Singendonk W, Jager-Roman E, Litzenborger H, Ehnert B, Gruters A. The prevalence of anti-thyroid peroxidase antibodies and autoimmune thyroiditis in children and adolescents in an iodine replete area. Eur J Endocrinol 148: 301-7 (2003).

[20]   Teng W, Shan Z, Teng X, Guan H, et al Effect of iodine intake on thyroid diseases in China. N Engl J Med. 2006 Jun 29;354(26): 2783-93.

[21]   Prummel MF, Strieder T, Wiersinga M The environment and autoimmune thyroid diseases European J Endocrinol 150: 605-618 (2004).

[22]   Saranac L. Zivanovic S, Bjelakocic B, Stamenkovic H, Novak M. Kamenov B. Why is the thyroid so prone to autoimmune disease? Horm Res Paediatr 75: 157-165 (2011).

[23]   Braverman LE, Paul T, Reinhardt W, Appel MC, Allen EM. Effect of iodine intake and methimazole on lymphocytic thyroiditis in the BB/W rat. Acta Endocrinol Suppl (Copenh). 1987;281: 70-6.

[24]   Ban Y, Tomer Y. Genetic susceptibility in thyroid autoimmunity. Pediatr Endocrinol Rev. 2005 Sep;3(1): 20-32.

[25]   Meng W, Schindler A, Spieker K, Krabbe S, Behnke N, Schulze W, Blumel C. Iodine therapy for iodine deficiency goiter and autoimmune thyroiditis. A prospective study. Med Klin 94: 597-602 (1999).

[26]   Janssen OE, Mehlmauer N, Hahn S, Offner AH, Gärtner R. High prevalence of autoimmune thyroiditis in patients with polycystic ovary syndrome. Eur J Endocrinol 150: 363-9 (2004).

[27]   Gärtner R, Gasnier BC, Dietrich JW, Krebs B, Angstwurm MW. Selenium supplementation in patients with autoimmune thyroiditis decreases thyroid peroxidase antibodies concentrations. J Clin Endocrinol Metab 87: 1687-91 (2002).

[28]   Köhrle J, Gärtner R. Selenium and thyroid. Best Pract &Res Clin Endocrinol Metab 23: 815-827 (2009).

[29]   Gärtner R. Thyroid disease in pregnancy. Curr Opin Obstet Gynecol. 2009; 21: 501-7.

The debate on selenium as risk factor for type 2 diabetes: Evidence for interplay of selenium and energy metabolism

Holger Steinbrenner

Institute for Biochemistry and Molecular Biology I, Heinrich-Heine-University Düsseldorf, Universitätsstrasse 1, Geb. 22.03, D-40225 Düsseldorf, Germany

Email: Holger.Steinbrenner@uni-duesseldorf.de

Keywords: selenium; selenoprotein; GPx; type 2 diabetes; insulin

Running title: Selenium and diabetes

Abstract

The essential trace element selenium (Se) has a long track record for anti-diabetic and insulin-mimetic properties. By contrast, more recent epidemiological data have suggested potential pro-diabetic effects of supranutritional Se intake in humans. Animal and cell culture studies have provided evidence that dietary Se compounds and selenoproteins can affect both the pancreatic insulin secretion and the insulin sensitivity of target tissues, thereby interfering with insulin-regulated metabolic pathways. To gain insight into underlying molecular mechanisms, we investigated the transcriptional regulation of the major Se-containing plasma protein selenoprotein P by factors related to carbohydrate metabolism, and vice versa, the influence of Se compounds on the insulin signalling cascade. Liver-derived selenoprotein P (SeP) is crucial for Se homeostasis acting as plasma Se transporter. We identified high glucose and glucocorticoids as positive regulators of hepatic SeP biosynthesis, whereas insulin attenuated SeP expression and secretion. Thus, SeP is regulated like a gluconeogenic enzyme by factors controlling the hepatic glucose factory under physiological and pathophysiological conditions. On the other hand, we showed that Se oversupply causes alterations in insulin-regulated energy metabolism in vitro and in vivo: Sodium selenite, a Se source in dietary supplements, delayed insulin-triggered phosphorylation of protein kinase B (Akt) and FoxO transcription factors and decreased glucose uptake in cultured myocytes. In a small pilot study, healthy male pigs were fed a supranutritional Se diet (0.5 mg Se as Se-enriched yeast/kg). After 16 weeks, fasting plasma concentrations of insulin, cholesterol and triacylglycerols were non-significantly elevated in the Se-supplemented animals, whereas fasting glucose concentrations remained unchanged. Several alterations in expression and/or phosphorylation of transcription factors and enzymes point to a shift to increased lipid turnover in adipose tissue and skeletal muscle, induced by supranutritional Se. Taken together, current epidemiological and mechanistic data suggest a more careful handling of dietary Se supplements, even though supranutritional Se intake is probably not sufficient to induce diabetes in healthy individuals.

Introduction

The essential trace selenium (Se) has received attention for a plethora of (assumed) beneficial effects on human health and its unique biochemistry [1, 2]. Se is a constituent of the 21st proteinogenic amino acid selenocysteine (Sec) that is co-translationally incorporated into 25 human selenoproteins [3]. Even though the selenoproteome is rather small, biosynthesis of selenoproteins has been shown to be essential for mammals: transgenic mice with a disrupted selenocysteine-tRNA^{Sec} gene exhibit early embryonic lethality [4]. Humans, whose selenoprotein biosynthesis is impaired due to a rare heterozygous defect in the Sec insertion sequence-binding protein (SECIS) 2 gene, suffer from a multisystem disorder [5]. Many selenoproteins are enzymes with one Sec residue in their active center. Glutathione peroxidases (GPx) and thioredoxin reductases (TrxR) contribute to degradation of reactive oxygen species (ROS) and regulation of the cellular redox homeostasis [2]. Iodothyronine deiodinases (DIO) are involved in the synthesis of thyroid hormones [6]. Seven selenoproteins are localized in the endoplasmic reticulum, where they contribute to the quality control of protein folding and the regulation of calcium homeostasis [7]. Selenoprotein P (SeP) contains up to 10 Sec residues and serves mainly as plasma Se transporter [8].

The biosynthesis of several key selenoproteins such as GPx1 and SeP decreases when Se supply is low [9,10]. Concentrations of the two major selenoproteins in plasma are used as biomarkers of Se status: Maximal GPx3 activity in plasma is achieved at a daily intake of ~70 µg Se [11], whereas SeP plasma levels reach a plateau at ~105 µg Se/day [12]. In Germany and in most other European countries, the average Se intake from the habitual diet (< 50 µg Se/day) is below those levels, but within the recommended range for adequate nutrition of humans (30 to 85 µg Se/day) [1, 13]. Compared to Europe, Se intake in the U.S. is much higher with 93 and 134 µg/day for males and females, respectively [1, 13]. Overt Se deficiency occurs very rarely in humans. Nevertheless, the consumption of Se-enriched dietary supplements is common in Europe and more so in the U.S., where one-third of the population regularly ingests multi-vitamin/mineral supplements [14]. Supplements can provide an additional 10-200 µg Se/day, in form of inorganic Se compounds such as sodium selenite and selenate as well as organic Se-compounds, *e.g.* Se-enriched yeast and garlic containing selenomethionine and gamma-glutamyl-Se-methylselenocysteine [1, 15].

Adequate and/or supranutritional Se intake has been proposed to be beneficial in terms of cancer prevention, dating from a landmark study in the 1970s that reported an inverse correlation of Se intake levels with cancer mortality among individuals from 27 countries [16]. Moreover, Se might be useful for protection against oxidative stress-related chronic diseases of the cardiovascular system and the brain and in the therapy of inflammatory disorders, viral diseases and sepsis [1, 2, 17]. There is increasing evidence that Se may delay the inflammatory process in auto-immune thyroid disease [18]: a recent study showed an improved quality of life and a slower progression of orbitopathy in patients with Graves' disease (*M. Basedow*), who were supplemented with 200 µg selenite/day [19]. On the other hand, Se has a very narrow therapeutic window and a U-shaped dose-response curve. Cases of Se toxicity have been observed in humans and animals consuming plants grown at Se-rich soil or after accidental ingestion of very high Se doses [1]. Currently, the "tolerable upper intake level" is set at 300-450 µg Se/day for adults [1, 13]. To assess the prospects of dietary Se supplementation for human health, it should also be taken into account that Se intake above nutritional requirements could trigger adverse side-effects even below toxic levels.

Epidemiological evidence in regard to selenium as risk factor for type 2 diabetes

The much discussed Nutritional Prevention of Cancer (NPC) trial has shown that there is probably no light without shadow when Se shall be used for dietary supplementation: In order to examine whether Se could suppress the recurrence of skin cancer, 1312 patients from the Eastern U.S. with a history of basal cell or squamous cell carcinomas of the skin received for 4.5 years either 200 µg Se/day in the form of Se-yeast or a placebo [20]. On the one hand, the NPC trial provided strong evidence for a tumor-preventive capacity of Se by revealing decreased overall cancer mortality and a lower incidence of prostate and colorectal cancer in Se-supplemented male subjects with relatively low (< 122 ng/mL baseline plasma Se) initial Se status [20, 21]. On the other hand, Se-supplemented NPC participants with high baseline plasma Se levels (> 122 ng/mL; top tertile) were more likely to develop type 2 diabetes mellitus (T2DM) than those assigned to placebo [22]. An ongoing discussion regarding the safety of dietary Se supplements has arisen from this unexpected finding.

In comparison to the NPC trial, the much larger selenium and vitamin E cancer prevention trial (SELECT) found that the risk to develop T2DM was slightly increased in the group of participants with daily administration of 200 µg L-selenomethionine. However, the increase in diabetes risk was non-significant [23], and this was confirmed by a recent follow-up of SELECT [24]. SELECT was carried out in healthy U.S. American men at the age ≥ 50 years, whose baseline plasma Se levels were even higher than in the participants of the NPC trial, ranging from 122 to 152 ng/mL [23]. According to two recently published small intervention studies, a short-term (6 weeks) dietary Se supplementation of healthy humans did not induce T2DM or was even beneficial: 150 µg Se/day in the form of dairy-Se or Se-yeast did not cause an increase in fasting plasma glucose concentrations [25]. In comparison to the placebo group, HOMA-IR (homeostatic model assessment of insulin resistance) values were significantly lower in volunteers, who received 200 µg Se/day in the form of Se-yeast [26].

The majority (4 out of 6) of cross-sectional studies found a positive association between serum/plasma Se levels and T2DM. High serum/ plasma Se levels were associated with increased fasting plasma glucose concentrations and/or increased total and LDL cholesterol concentrations in plasma [27-32]: Two of the four studies showing such positive associations were carried out in the U.S. (NHANES III and NHANES 2003-4) [27, 28], whereas the other two studies (SU.VI.MAX and Olivetti Heart Study) examined European populations [29, 30]. No significant associations were detected in the French EVA study and in a study from Singapore [31, 32]. In contrast, lower Se levels in toenails were reported among diabetic men with or without cardiovascular disease than among healthy participants of the U.S. American Health Professionals Follow-Up Study [33].

Longitudinal studies found no evidence for a diabetogenic role of Se in humans: a prospective analysis was undertaken to examine associations between serum Se concentrations and cardiometabolic risk factors in an 8-year follow-up of the Italian Olivetti Heart Study. However, baseline Se levels did not predict changes in plasma cholesterol concentrations between the baseline and follow-up examinations [30]. A 9-year follow-up of the French EVA study revealed a protective effect of high serum Se levels at baseline against the later occurrence of impaired fasting glucose that was specific for males [34].

Recently, we measured plasma adiponectin concentrations, a surrogate marker of insulin resistance and T2DM [35], in the elderly (60-74 years) participants of the UK Prevention of Cancer by Intervention with Selenium (PRECISE) trial. There was an inverse cross-sectional association between baseline plasma Se and adiponectin levels. However, Se supplementation for 6 months with 100, 200 or 300 µg Se/day in form of Se-yeast did not affect the adiponectin concentrations in plasma, arguing against Se-induced development of insulin resistance in this population [36].

Modulation of insulin secretion and signalling by selenium and selenoproteins

Insulin resistance and an impaired insulin secretory capacity due to progressive loss of pancreatic beta cell mass are hallmarks in the pathogenesis of type 2 diabetes mellitus. Supranutritional Se intake might contribute to the development of T2DM, as Se compounds and seleno-proteins are capable of interfering with both insulin biosynthesis in the pancreas and insulin signalling in target tissues [37].

Expression and activity of glutathione peroxidases is particularly low in pancreatic islets, exhibiting only 5% of the values in liver [38]. Sodium selenite and selenate have been shown to stimulate biosynthesis and secretion of insulin in Min6 insulinoma cells and isolated rat islets *in vitro*, probably by increasing GPx activity [39]. Paradoxically, an increase in GPx1 activity in pancreatic beta cells can elicit opposing metabolic outcomes *in vivo* [40]. Beta cells of mice with global transgenic overexpression of GPx1 were hypertrophic, showing elevated insulin production and secretion. However, these alterations resulted in hyperinsulinemia, insulin resistance and obesity in aged animals [41]. In other animal models, increased GPx1 activity/expression had beneficial effects: Beta cell-specific GPx1 overexpression ameliorated hyperglycemia in *db/db* mice and in streptozotocin-treated mice [42]. An adaptive increase in expression of antiapoptotic proteins and antioxidant enzymes including GPx1 has been proposed to contribute to survival of hypertrophic beta cells during chronic hyperglycemia in mice [43].

Earlier studies in the 1990s reported that high doses of the Se compounds sodium selenate and sodium selenite elicit insulin-mimetic effects in adipocytes and hepatocytes: 1 mM selenate stimulated glucose uptake in isolated rat adipocytes [44], and 10 µM selenite counter-acted glucagon-stimulated glycogen breakdown in the isolated perfused rat liver [45]. More recently, we compared the influence of four Se compounds (selenite, selenate, selenomethionine and methylseleninic acid) on insulin signalling and glucose uptake in skeletal muscle cells *in vitro*: at a dose of 1 µM, selenite and methylseleninic acid delayed insulin-induced phosphorylation of protein kinase B (Akt) and forkhead box protein class O (FoxO) transcription factors in L6 rat myotubes, whereas selenate and selenomethionine had no effect. Basal and insulin-stimulated glucose uptake in L6 myotubes was also attenuated by selenite and methylseleninic acid. In contrast, selenomethionine stimulated glucose uptake, but only at a high dose of 100 µM [46].

Patients with genetically impaired biosynthesis of selenoproteins exhibit enhanced systemic and cellular insulin sensitivity [5]. Two selenoproteins, GPx1 and selenoprotein P (SeP), have been reported to suppress the canonical insulin-induced signalling cascade in hepatocytes and myocytes [37]. GPx1 reduces hydrogen peroxide (H_2O_2) [9] that serves as second messenger to enhance early insulin signalling and to stimulate insulin-induced glucose uptake by transient inhibition of counter-regulatory phosphatases [47, 48]. As Se transport protein, SeP delivers Se for intracellular biosynthesis of GPx1 and other selenoproteins [8]. SeP has been shown to impair insulin signalling and to dys-regulate carbohydrate metabolism in hepatocytes and myocytes [49]. Knock-out of GPx1 in mice resulted in improved insulin-induced phosphorylation of Akt due to increased ROS generation and oxidation (inactivation) of the dual specificity protein phosphatase PTEN, and it protected the rodents from insulin resistance provoked by a high-fat diet [50]. Conversely, elevated GPx activity in the liver of sodium selenate-supplemented rats was associated with increased activity of protein tyrosine phosphatase 1B (PTP-1B) [51]. In addition to GPx1 and SeP, other selenoproteins such as selenoprotein S and methionine sulfoxide reductase have recently been proposed to be involved in the dys-regulation of carbohydrate metabolism induced by supranutritional Se intake [52].

We compared the expression of enzymes and transcription factors related to energy metabolism in major insulin target tissues of healthy male pigs fed either an adequate-Se (0.17 mg Se/kg) or a supranutritional-Se (0.5 mg Se/kg as Se-yeast) diet. After 16 weeks, fasting plasma concentrations of insulin, cholesterol and triacylglycerols were non-significantly increased in the Se-supplemented animals. Fasting glucose concentrations did not differ between the groups. We did not observe molecular alterations in the liver. In skeletal muscle of the supranutritional-Se pigs, pyruvate kinase was down-regulated, whereas the transcription factors FoxO1a and PGC-1α were up-regulated. In visceral fat of the supranutritional-Se pigs, mRNA levels of the transcription factor SREBP1 were increased and basal phosphorylation of protein kinases (Akt, AMPK, MAPKs) was affected. This pattern suggests a shift to increased lipid turnover in adipose tissue and skeletal muscle of the Se-supplemented animals. However, supranutritional Se was not sufficient to induce type 2 diabetes mellitus [53].

Modulation of selenoprotein biosynthesis by factors related to energy metabolism

Alternatively, the observed cross-sectional associations between high plasma Se levels and hyperglycemia/dyslipidemia might arise from alterations in Se homeostasis and biosynthesis of selenoproteins as a side effect of a dys-regulated energy metabolism. Selenoprotein P contains around 60% of total Se in human plasma [54]. The vast majority of SeP circulating in plasma derives from the liver [8, 55]. Indeed, hepatic SeP biosynthesis has been shown to be increased under hyperglycaemic conditions: we reported that cultivation of isolated rat hepatocytes in the presence of high glucose concentrations (25 mmol/L vs. 11 mmol/L glucose) stimulated SeP mRNA expression and secretion [56]. A subsequent study corroborated and extended these findings by demonstrating up-regulated hepatic SeP expression by high glucose and palmitate as well as elevated SeP mRNA levels in the liver of animal T2DM models [49]. This might also explain observations of elevated SeP serum levels in individuals with prediabetes and T2DM [49, 57].

We found that the human SeP promoter contains a functional binding site for FoxO transcription factors [58]. FoxO1a and FoxO3 are involved in the control of the hepatic glucose factory by increasing the transcription of gluconeogenic enzymes through interaction with its co-activator PGC-1α and the transcription factor HNF-4α [59, 60]. We also identified a binding site for HNF-4α at the human SeP promoter, and we showed that SeP transcription is controlled by interaction of PGC-1α with FoxO1a and HNF-4α [61]. This explains both the observed down-regulation of SeP expression in hepatocytes by insulin and its up-regulation by glucocorticoids and high glucose [56, 58, 61]. Based on these results, we developed the concept that SeP is regulated in hepatocytes like a gluconeogenic enzyme [37, 61]. In agreement with this idea, SeP mRNA levels in the liver of mice have been shown to be increased by fasting and to be decreased 1 h after feeding [49]. A recent study provided additional support by demonstrating that methylation of the involved transcription factors is required for transcription of both gluconeogenic enzymes and SeP [62].

Concluding remarks

The epidemiological evidence for a diabetogenic role of selenium in healthy humans is still rather weak and controversial, even though the majority of cross-sectional observations point to an association of high plasma/serum Se levels with biomarkers of type 2 diabetes mellitus such as hyperglycemia, dyslipidemia and low adiponectin plasma levels [27, 36, 37, 63-65]. Mechanistic studies have provided alternative explanations for the observed cross-sectional associations: dietary Se oversupply may affect pancreatic insulin secretion and insulin sensitivity of target tissues, probably through inducing abundant expression of selenoproteins. Conversely, hepatic biosynthesis of selenoprotein P, the major Se-containing protein in plasma, is increased under hyperglycaemic conditions.

Despite the induction of some alterations in energy metabolism, commonly applied selenium doses - as ingested through dietary supplements - are probably not sufficient to induce overt type 2 diabetes in healthy individuals. Nevertheless, it is recommended that individuals with high Se status should not ingest Se-containing supplements, as optimising, rather than maximising, exposure is the key to benefit most from Se while avoiding potential adverse effects [65].

Acknowledgements

I would like to thank Drs. H. Sies, B. Speckmann, A. Pinto and A.M. Rajalin for the excellent teamwork in our selenium group in Düsseldorf. Furthermore, I thank Drs. L.O. Klotz (University of Alberta, Canada), M.P. Rayman (University of Surrey, Great Britain) and S. Schinner (University Hospital Düsseldorf, Germany) for cooperation and many helpful discussions. This work was supported by Deutsche Forschungsgemeinschaft (DFG), Bonn, Germany (STE 1782/2-1, STE 1782/2-2, Schwerpunktprogramm 1087 „Selenoproteine" (Si 255/11) and Sonder-forschungsbereich 575/B4).

References

[1]   Fairweather-Tait SJ, Bao Y, Broadley MR, et al. Selenium in human health and disease. Antioxid Redox Signal 14: 1337-1383, 2011.

[2]   Steinbrenner H, and Sies H. Protection against reactive oxygen species by selenoproteins. Biochim Biophys Acta 1790: 1478-1485, 2009.

[3]   Kryukov GV, Castellano S, Novoselov SV, et al. Characterization of mammalian selenoproteomes. Science 300: 1439-1443, 2003.

[4]   Bösl MR, Takaku K, Oshiman M, Nishimura S, and Taketo MM. Early embryonic lethality caused by targeted disruption of the mouse seleno-cysteine tRNA gene (Trsp). Proc Natl Acad Sci USA 94: 5531-5534, 1997.

[5]   Schoenmakers E, Agostini M, Mitchell C, et al. Mutations in the seleno-cysteine insertion sequence-binding protein 2 gene lead to a multisystem selenoprotein deficiency disorder in humans. J Clin Invest 120: 4220-4235, 2010.

[6]   Köhrle J. Selenium and the control of thyroid hormone metabolism. Thyroid 15: 841-853, 2005.

[7]   Shchedrina VA, Zhang Y, Labunskyy VM, Hatfield DL, and Gladyshev VN. Structure-function relations, physiological roles, and evolution of mammalian ER-resident selenoproteins. Antioxid Redox Signal 12: 839-849, 2010.

[8]   Burk RF, and Hill KE. Selenoprotein P-expression, functions, and roles in mammals. Biochim Biophys Acta 1790: 1441-1447, 2009.

[9]   Brigelius-Flohé R. Tissue-specific functions of individual glutathione peroxidases. Free Radic Biol Med 27: 951-965, 1999.

[10]   Hill KE, Chittum HS, Lyons PR, Boeglin ME, and Burk RF. Effect of selenium on selenoprotein P expression in cultured liver cells. Biochim Biophys Acta 1313: 29-34, 1996.

[11]   Duffield AJ, Thomson CD, Hill KE, and Williams S. An estimation of selenium requirements for New Zealanders. Am J Clin Nutr 70: 896-903, 1999.

[12]   Hurst R, Armah CN, Dainty JR, et al. Establishing optimal selenium status: results of a randomized, double-blind, placebo-controlled trial. Am J Clin Nutr 91: 923-931, 2010.

[13]   Rayman MP. Food-chain selenium and human health: emphasis on intake. Br J Nutr 100: 254-268, 2008.

[14]   Bailey RL, Gahche JJ, Lentino CV, et al. Dietary supplement use in the United States, 2003-2006. J Nutr 141: 261-266, 2011.

[15]   Rayman MP, Infante HG, and Sargent M. Food-chain selenium and human health: spotlight on speciation. Br J Nutr 100: 238-253.

[16]   Schrauzer GN, White DA, and Schneider CJ. Cancer mortality correlation studies-III: statistical associations with dietary selenium intakes. Bioinorg Chem 7: 23-31, 1977.

[17]   Huang Z, Rose AH, and Hoffmann PR. The role of selenium in inflammation and immunity: from molecular mechanisms to therapeutic opportunities. Antioxid Redox Signal 16: 705-743, 2012.

[18]   Schomburg L. Selenium, selenoproteins and the thyroid gland: interactions in health and disease. Nat Rev Endocrinol 8: 160-171, 2011.

[19]   Marcocci C, Kahaly GJ, Krassas GE, et al. Selenium and the course of mild Graves' orbitopathy. N Engl J Med 364: 1920-1931, 2011.

[20]   Clark LC, Combs GF Jr, Turnbull BW, et al. Effects of selenium supplementation for cancer prevention in patients with carcinoma of the skin. A randomized controlled trial. Nutritional Prevention of Cancer Study Group. JAMA 276: 1957-1963, 1996.

[21]   Duffield-Lillico AJ, Reid ME, Turnbull BW, et al. Baseline characteristics and the effect of selenium supplementation on cancer incidence in a randomized clinical trial: a summary report of the Nutritional Prevention of Cancer Trial. Cancer Epidemiol Biomarkers Prev 11: 630-639, 2002.

[23]   Stranges S, Marshall JR, Natarajan R, et al. Effects of long-term selenium supplementation on the incidence of type 2 diabetes: a randomized trial. Ann Intern Med 147: 217-223, 2007.

[24]   Lippman SM, Klein EA, Goodman PJ, et al. Effect of selenium and vitamin E on risk of prostate cancer and other cancers: the Selenium and Vitamin E Cancer Prevention Trial (SELECT). JAMA 301: 39-51, 2009.

[25]   Klein EA, Thompson IM Jr, Tangen CM, et al. Vitamin E and the risk of prostate cancer: the Selenium and Vitamin E Cancer Prevention Trial (SELECT). JAMA 306: 1549-1556, 2011.

[26]   Hu Y, McIntosh GH, Le Leu RK, et al. The influence of selenium-enriched milk proteins and selenium yeast on plasma selenium levels and rectal selenoprotein gene expression in human subjects. Br J Nutr 106: 572-582, 2011.

[27]   Alizadeh M, Safaeiyan A, Ostadrahimi A, et al. Effect of L-arginine and selenium added to a hypocaloric diet enriched with legumes on cardio-vascular disease risk factors in women with central obesity: a randomized, double-blind, placebo-controlled trial. Ann Nutr Metab 60: 157-168, 2012.

[28]   Bleys J, Navas-Acien A, and Guallar E. Serum selenium and diabetes in U.S. adults. Diabetes Care 30: 829-834, 2007.

[29]   Laclaustra M, Navas-Acien A, Stranges S, Ordovas JM, and Guallar E. Serum selenium concentrations and diabetes in U.S. adults: National Health and Nutrition Examination Survey (NHANES) 2003-2004. Environ Health Perspect 117: 1409-1413, 2009.

[30]   Czernichow S, Couthouis A, Bertrais S, et al. Antioxidant supplementation does not affect fasting plasma glucose in the Supplementation with Antioxidant Vitamins and Minerals (SU.VI.MAX) study in France: association with dietary intake and plasma concentrations. Am J Clin Nutr 84: 395-399, 2006.

[31]   Stranges S, Galletti F, Farinaro E, et al. Associations of selenium status with cardiometabolic risk factors: an 8-year follow-up analysis of the Olivetti Heart study. Atherosclerosis 217: 274-278, 2011.

[32]   Coudray C, Roussel AM, Arnaud J, and Favier A. Selenium and antioxidant vitamin and lipidoperoxidation levels in preaging French population. EVA Study Group. Edude de vieillissement artériel. Biol Trace Elem Res 57: 183-190, 1997.

[33]   Hughes K, Choo M, Kuperan P, Ong CN, and Aw TC. Cardiovascular risk factors in non-insulin-dependent diabetics compared to non-diabetic controls: a population-based survey among Asians in Singapore. Atherosclerosis 136: 25-31, 1998.

[34]   Rajpathak S, Rimm E, Morris JS, and Hu F. Toenail selenium and cardiovascular disease in men with diabetes. J Am Coll Nutr 24: 250-256, 2005.

[35]   Akbaraly TN, Arnaud J, Rayman MP, et al. Plasma selenium and risk of dysglycemia in an elderly French population: results from the prospective Epidemiology of Vascular Ageing Study. Nutr Metab (Lond) 7: 21, 2010.

[36]   Hotta K, Funahashi T, Arita Y, et al. Plasma concentrations of a novel, adipose-specific protein, adiponectin, in type 2 diabetic patients. Arterioscler Thromb Vasc Biol 20: 1595-1599, 2000.

[37]   Rayman MP, Blundell-Pound G, Pastor-Barriuso R, Guallar E, Steinbrenner H, and Stranges S. A randomized trial of selenium supplementation and risk of type-2 diabetes, as assessed by plasma adiponectin. PLoS One 7: e45269, 2012.

[38]   Steinbrenner H, Speckmann B, Pinto A, and Sies H. High selenium intake and increased diabetes risk: experimental evidence for interplay between selenium and carbohydrate metabolism. J Clin Biochem Nutr 48: 40-45, 2011.

[39]   Tiedge M, Lortz S, Drinkgern J, and Lenzen S. Relation between antioxidant enzyme gene expression and antioxidative defense status of insulin-producing cells. Diabetes 46: 1733-1742, 1997.

[40]   Campbell SC, Aldibbiat A, Marriott CE, et al. Selenium stimulates pancreatic beta-cell gene expression and enhances islet function. FEBS Lett 582: 2333-2337, 2008.

[41]   Lei XG, and Vatamaniuk MZ. Two tales of antioxidant enzymes on β cells and diabetes. Antioxid Redox Signal 14: 489-503, 2011.

[42]   McClung JP, Roneker CA, Mu W, et al. Development of insulin resistance and obesity in mice overexpressing cellular glutathione peroxidase. Proc Natl Acad Sci U S A 101: 8852-8857, 2004.

[43]   Harmon JS, Bogdani M, Parazzoli SD, et al. beta-Cell-specific overexpression of glutathione peroxidase preserves intranuclear MafA and reverses diabetes in db/db mice. Endocrinology 150: 4855-4862, 2009.

[44]   Laybutt DR, Kaneto H, Hasenkamp W, et al. Increased expression of antioxidant and antiapoptotic genes in islets that may contribute to beta-cell survival during chronic hyperglycemia. Diabetes 51: 413-423, 2002.

[45]   Ezaki O. The insulin-like effects of selenate in rat adipocytes. J Biol Chem 265: 1124-1128, 1990.

[44]   Roden M, Prskavec M, Fürnsinn C, et al. Metabolic effect of sodium selenite: insulin-like inhibition of glucagon-stimulated glycogenolysis in the isolated perfused rat liver. Hepatology 22: 169-174, 1995.

[45]   Pinto A, Speckmann B, Heisler M, Sies H, and Steinbrenner H. Delaying of insulin signal transduction in skeletal muscle cells by selenium compounds. J Inorg Biochem 105: 812-820, 2011.

[46]   Czech MP, Lawrence JC Jr, and Lynn WS. Evidence for the involvement of sulfhydryl oxidation in the regulation of fat cell hexose transport by insulin. Proc Natl Acad Sci U S A 71: 4173-4177, 1974.

[47]   Mahadev K, Zilbering A, Zhu L, and Goldstein BJ. Insulin-stimulated hydrogen peroxide reversibly inhibits protein-tyrosine phosphatase 1b in vivo and enhances the early insulin action cascade. J Biol Chem 276: 21938-21942, 2001.

[48]   Misu H, Takamura T, Takayama H, et al. A liver-derived secretory protein, selenoprotein P, causes insulin resistance. Cell Metab 12: 483-495, 2010.

[49]   Loh K, Deng H, Fukushima A, et al. Reactive oxygen species enhance insulin sensitivity. Cell Metab 10: 260-272, 2009.

[50]   Mueller AS, Klomann SD, Wolf NM, et al. Redox regulation of protein tyrosine phosphatase 1B by manipulation of dietary selenium affects the triglyceride concentration in rat liver. J Nutr 138: 2328-2336, 2008.

[51]   Labunskyy VM, Lee BC, Handy DE, Loscalzo J, Hatfield DL, and Gladyshev VN. Both maximal expression of selenoproteins and selenoprotein deficiency can promote development of type 2 diabetes-like phenotype in mice. Antioxid Redox Signal 14: 2327-2336, 2011.

[52]   Modulation of insulin secretion and signalling by selenium and seleno-proteinstargets related to energy metabolism in skeletal muscle and visceral adipose tissue of pigs. J Inorg Biochem 114: 47-54, 2012.

[53]   Burk RF, Early DS, Hill KE, Palmer IS, and Boeglin ME. Plasma selenium in patients with cirrhosis. Hepatology 27: 794-798, 1998.

[54]   Carlson BA, Novoselov SV, Kumaraswamy E, et al. Specific excision of the selenocysteine tRNA[Ser]Sec (Trsp) gene in mouse liver demonstrates an essential role of selenoproteins in liver function. J Biol Chem 279: 8011-8017, 2004.

[55]   Speckmann B, Sies H, and Steinbrenner H. Attenuation of hepatic expression and secretion of selenoprotein P by metformin. Biochem Biophys Res Commun 387: 158-163, 2009.

[56]   Yang SJ, Hwang SY, Choi HY, et al. Serum selenoprotein P levels in patients with type 2 diabetes and prediabetes: implications for insulin resistance, inflammation, and atherosclerosis. J Clin Endocrin Metab 96: E1325–E1329, 2011.

[57]   Walter P, Steinbrenner H, Barthel A, and Klotz LO. Stimulation of seleno-protein P promoter activity in hepatoma cells by FoxO1a transcription factor. Biochem Biophys Res Commun 365: 316-321, 2008.

[58]   Puigserver P, Rhee J, Donovan J, et al. Insulin-regulated hepatic gluconeo-genesis through FOXO1-PGC-1alpha interaction. Nature 423: 550-555, 2003.

[59]   Rhee J, Inoue Y, Yoon JC, et al. Regulation of hepatic fasting response by PPARgamma coactivator-1alpha (PGC-1): requirement for hepatocyte nuclear factor 4alpha in gluconeogenesis. Proc Natl Acad Sci U S A 100: 4012-4017, 2003.

[60]   Speckmann B, Walter PL, Alili L, Reinehr R, Sies H, Klotz LO, Steinbrenner H. Selenoprotein P expression is controlled through interaction of the coactivator PGC-1alpha with FoxO1a and hepatocyte nuclear factor 4alpha transcription factors. Hepatology 48: 1998-2006, 2008.

[61]   Jackson MI, Cao J, Zeng H, Uthus EO, and Combs GF Jr. S-Adenosylmethionine Dependent Protein Methylation is Required for Expression of Selenoprotein P and Gluconeogenic Enzymes in Human Hepatocytes. J Biol Chem 287: 36455-36464, 2012.

[62]   Mueller AS, Mueller K, Wolf NM, and Pallauf J. Selenium and diabetes: an enigma? Free Radic Res 43: 1029-1059, 2009.

[63]   Stranges S, Navas-Acien A, Rayman MP, and Guallar E. Selenium status and cardiometabolic health: state of the evidence. Nutr Metab Cardiovasc Dis 20: 754-760, 2010.

[64]   Rayman MP. Selenium and human health. Lancet 379: 1256-1268, 2012.

Cellular iron regulation in animals: need and use of suitable models

Emmanuel Pourcelot*[+◊], Nicolas Mobilia[◊], Alexandre Donzé[▲×], Fiona Louis*, Oded Maler[▲], Pascal Mossuz[+◊], Eric Fanchon[◊], Jean-Marc Moulis*

**Institut de Recherches en Technologies et Sciences pour le Vivant, CEA, CNRS-UJF UMR 4952, 38054 Grenoble - France*

[+]Laboratoire d'Hématologie, Institut de Biologie et Pathologie, CHU Albert Michallon, 38043 Grenoble - France

[◊]UJF-Grenoble 1 and CNRS, TIMC-IMAG UMR 5525, 38041 Grenoble, France

[▲]VERIMAG - UJF, UMR 5104, 38610 Gières - France

[×]EECS Department, University of California Berkeley, CA 94720 Berkeley - USA

Email: jean-marc.moulis@cea.fr

Keywords: iron homeostasis; myeloid leukemia; redox regulation; constraint-based modeling; biological networks

Running title: Modeling iron networks

Abstract

As with virtually all biologically essential transition metals, but probably in a more acute way than most, iron excess and deficiency underlie a range of pathological conditions in animals. Accordingly, regulatory systems maintain the proper iron amount to fulfill the needs of the whole body and of each individual cell, while avoiding deleterious effects. The latter may be due to lack of iron availability, e.g. at the active site of iron enzymes, or to reductive catalysis promoted by uncontrolled ferrous ions leading to the formation of reactive species such as the hydroxyl radical. Two major regulators maintain metazoan iron homeostasis, a systemic one relying on the circulating hormone *hepcidin*, and a ubiquitous cellular one organized around the *Iron Regulatory Proteins*. These central nodes of iron homeostasis are themselves regulated by numerous effectors beyond iron availability, and they impact other biological processes not directly connected to the use of iron by animal cells. Further, the use of iron resources and conditions impacting it, such as variations of the redox balance, regulate cell fate, e.g. self-renewal of stem cells and differentiation in hematopoiesis. Iron and redox homeostasis are grounded on a series of identified molecular events, but it is not clear how changes of the associated biological parameters may favor proliferation of leukemic clones detrimental to maturation, in acute myeloid leukemia for instance. It now appears that the complex interactions among the networks influencing iron and redox homeostasis should be treated with new integrated data and modeling tools, with the aim to provide a global view of the functional differences between normal and pathological hematopoiesis in particular. The outcomes of the currently on-going efforts in this area are presented herein.

Introduction

The supply of essential trace elements to living cells needs to be secured for ensuring mandatory biological functions, and it has to be regulated to avoid unwanted effects. The latter statement is particularly important for iron which can easily catalyze highly deleterious biochemical reactions when not properly directed to its targets, generally the active site of various enzymes and proteins [1, 2].

Recent observations have indicated that cellular iron handling is coupled to other major biological functions, such as oxygen management [3], in shaping phenotypes. Basic biological functions at different levels (cellular, whole organisms) are set by series of regulatory and metabolic reactions involving iron and oxygen. They define networks and are interconnected. Hematopoiesis, and its deregulation in myeloid leukemia, is used herein to illustrate the importance of the iron and redox balances, and to stress the usefulness of powerful new modeling approaches in analyzing complex biological processes.

Overview of iron homeostasis

Iron exchanges throughout the body

In mammals, iron is provided by the diet, and it is absorbed in the enterocytes of the proximal intestine [4]. Upon reaching the circulation by export through ferroportin, also called MTP1 or IREG1 (SLC40A1), iron is bound to transferrin, and cells usually receive it by endocytosis of the transferrin-transferrin receptor complex. Most of the circulating iron is targeted to the bone marrow to be inserted into hemoglobin which concentrates 70 - 80% of the iron needs for oxygen distribution and carbon dioxide removal. Iron is recovered from senescent red blood cells in macrophages and re-injected into the circulation [5].

Liver is used as a storage organ in case of excess but no dedicated excretion system for body iron is available. Losses only occur by bleeding and cell peeling. Reciprocally, intestinal iron absorption is a relatively slow process that cannot be rapidly enhanced by several orders of magnitude. This explains the difficulties in recovering from nutritional iron deficiency, a major cause of morbidity worldwide. Thus, the limited exchanges of iron between animal bodies and their environment justify the presence of strict regulatory systems monitoring the biological use of the metal.

Systemic iron regulation

A general control mechanism is carried out by hepcidin, a 25 aminoacid hormone which is mainly synthesized in the liver and which interacts with ferroportin to trigger its degradation [6]. This mainly decreases iron absorption and recycling. The regulation of hepcidin is complex. Transcription of the gene responds to *i)* iron availability, *ii)* iron needs, and *iii)* inflammation. Hepcidin deregulation triggers diseases of iron homeostasis, such as different types of hemochromatosis (iron overload) and iron refractory iron-deficiency anemia [7].

Cellular iron regulation

Beyond regulation by hepcidin, each cell has to adjust its iron provision and use to its needs. To this aim, the Iron Regulatory Proteins (IRP) bind to the Iron Responsive Elements (IRE) of regulated mRNA in cases of iron shortage [1]. Such binding increases – for the transferrin receptor- or decreases – for the ferritin subunits, ferroportin, and other messengers-translation (Figure 1). The two known IRP are mainly regulated at the post-translational level.

Overview of the cellular redox balance

Oxygen participates to fulfill the energy requirements of animal cells at the level of the mitochondrial respiratory chain, and other biochemical reactions catalyzed by dioxygenases also require oxygen as substrate.

Oxygen reduction and oxidative stress

Upon reduction of oxygen, intermediates such as the superoxide anion radical, hydrogen peroxide, and the hydroxyl radical, may form [8]. They can also be generated by enzymatic reactions, as part of innate immunity against foreign substances for instance. Some derivatives of nitrogen monoxide share with partially reduced oxygen species a high ability to react with cellular components. The cellular equilibrium between reducing (i.e. electron donating) and oxidizing (i.e. electron withdrawing) molecules is referred to as the reduction-oxidation, i.e. *redox*, potential. Imbalance toward oxidation defines oxidative stress which, when not buffered by reducing compounds and activities, leads to irreversible damage of cell components (e.g. proteins, nucleic acids, lipids, etc.).

Redox signaling via oxygen and its derivatives

Conditions of even minor oxidative stress or the activity of specific enzymes may modify components of regulatory pathways and shift the set of networks cells rely on to function [9]. These changes impact cellular fate, be it programmed death, proliferation, or differentiation.

Examples of signaling molecules responding to redox shifts include transcription factors, e.g. of the nuclear respiratory factor (Nrf) family or activator protein 1 (AP-1), and signal transduction cascades, involving MAPK (mitogen-activated protein kinases) and protein tyrosine phosphatases. DNA oxidation may increase and it may induce repair by use of apurinic/apyrimidinic endonucleases, such as Apex1 (Ref-1), which are sensitive to redox changes.

The known roles of iron and of the redox balance in hematopoiesis

Hematopoiesis and acute myeloid leukemia

Hematopoiesis is the biological process producing all blood cells. It mainly occurs in the bone marrow (of adults) and follows a succession of cell transformations from a limited number of stem cells. The generic term acute myeloid leukemia (AML) clusters conditions characterized by the proliferation of immature myeloid clones detrimental to the homeostasis of the bone marrow and, later, to the production of mature blood cells [10]. In general, the disease is of poor prognosis whatever the stage at which hematopoiesis is impaired; the latter varies, as reflected in the myriad of somatic mutations identified in AML clones. The drugs being presently used to treat AML aim at decreasing DNA replication, considering that malignant cells more heavily rely on this process as compared to non-cancerous ones [11, 12]. This strategy cannot cure the disease, but it is valuable to prepare patients for transplants. However, a single (or a limited number of) drug targeting a general and essential feature of all AML clones would be economically and, hopefully, therapeutically efficient, but this requires a more thorough understanding of the disease than presently achieved.

Redox control of myeloid differentiation

The many cellular crossroads that occur throughout hematopoiesis are paralleled by the modulation of many regulatory circuits. Throughout, the cellular redox balance plays a role, with changes activating pathways or occurring through the action of leukemic oncogenes in hematopoietic malignancies [13-15]. For instance, two of the frequently mutated genes in AML, fms-related tyrosine kinase 3 (Flt3) with internal tandem repeat (ITD) and Ras, appear to increase the redox potential of hematopoietic stem cells [16].

The general physiological status with respect to oxygen can also impact hematopoiesis. Hypoxia triggers erythropoietin synthesis by the activation of hypoxia induced transcription factors (HIF) [17]. This activates erythroid precursors and enhances production of red blood cells, hence iron consumption. In contrast, the buildup of oxidative species in the bone marrow activates FoxO transcription factors [18] which regulate a range of genes involved in the antioxidant response, DNA repair, and cellular fate. FoxO are inhibited by Akt serine threonine kinase which transduces signals from inositol 1,4,5-trisphosphate kinase (PI3K). The latter responds to different stimuli such as growth factors and stress effectors.

Hematopoietic stem cells gather in the most hypoxic regions of the bone marrow [19, 20], and it seems that differentiation follows the oxygen gradient in the bone marrow and, beyond, into the circulation. Leukemic blasts endure high levels of oxygen without maturating, thus showing deficiency to detect, respond, and integrate the variations of the redox potential accompanying hematopoiesis.

Roles of iron in the cell cycle: relevance to myeloid differentiation

Because unregulated transition metals, and iron prominent among them, display a large catalytic potential to interconvert oxygen-bearing molecules in the cellular context, the link between redox regulation of hematopoiesis and iron handling is expected to be very tight. Proliferating cells exposed to iron chelators rapidly stop growing and die mainly by apoptosis [21]. An early identified target of chelators is the ribonucleotide reductase R2 subunit which requires iron to generate the tyrosyl radical initiating dehydroxylation of ribonucleotides and electrons from thioredoxin or glutaredoxins. This enzyme is one of the points of convergence between cellular iron management and redox regulation. In addition cyclins A, E, and D, some dependent kinases, such as CDK2 and CDK4, and CDK inhibitors, such as p16^{INK4}, p21$^{WAF1/CIP1}$, or p27^{KIP1}, are iron regulated. They interact with major regulators of the cell cycle, such as the retinoblastoma protein (pRb) and p53. Modulation by iron seems to occur at the transcriptional, translational, and post-translational levels.

Of particular interest, the regulation of N-myc downregulated gene 1 (NDRG1) occurs through hypoxia, NO, N-myc -as the name says-, and other regulators, with effects on p21$^{WAF1/CIP1}$. Exposing cells to iron chelators increases NDRG1, and, in AML samples, NDRG1 levels seem lower than in different myeloid cells from normal donors, thus associating NDRG1 up-regulation and differentiation [22]. Accordingly, NDRG1 expression increases during erythropoiesis [23].

Perturbation of the cell cycle by iron chelation may involve other pathways. Treatment of the human erythroleukemia cells K562 by deferasirox (ICL670, Exjade®) acts on mTor (mammalian target of rapamycin) [24], an important modulator of cell death and proliferation, which is also a downstream target of Akt and PI3K. More generally, suppression of the iron provision to leukemic cells [25, 26] revealed commitment into the monocyte lineage and increased apoptosis, with initial, over a few hours, increased levels of oxidative species and activation of mitogen-activated protein kinases (MAPK).

At another regulatory level, micro-RNA modulate expression of genes involved in iron homeostasis, either upstream or in parallel of the hepcidin and IRP driven systems [27]. In the case of myeloid leukemic cells, the involvement of mi-RNA in the commitment into different lineages, antagonistic to proliferation, has been highlighted: the identified mi-RNA target the transferrin-receptor and the non IRE-regulated DMT1 transcripts [28, 29]. Reciprocally, iron homeostasis influences processing of precursors into mature mi-RNA [30]. Further, iron effects on major cellular functions can be extended to post-translational processes, such as protein modification, e.g. [31], or degradation, e.g. [32].

From the above, it should appear that iron and redox homeostasis interact at many stages. A scheme recapitulating some of the involved pathways is shown in Figure 1. Myeloid maturation is a relevant context for these interactions by its sensitivity to available iron and to redox imbalance.

The use of modeling iron homeostasis in hematopoiesis

To illustrate the complexity of AML patho-physiology, single mutations of the CCAAT/enhancer-binding protein alpha (CEBPA) gene in a fraction of the heterogeneous family of cytogenetically normal AML [33] lead to a worse overall survival of the patients than double, mainly biallelic, ones [34]. This counter-intuitive outcome suggests that the activity of CEPBA contributes to worsen AML prognosis, whereas its inhibition proportionally improves it. However, the mechanism explaining why a regulatory module, which is sensitive to iron and redox homeostasis, most likely through the HIF pathway, should be knocked-down to repress proliferation of AML progenitors is not straightforward. This highlights the remaining gaps in basic human biology and in mechanisms predicting, or even describing, the pathological outcome with obvious consequences for patient care. Modern modeling approaches may provide means to deal with such problems.

Some implemented methods to model iron homeostasis

The considered question of cellular iron homeostasis, redox balance, and hematopoiesis calls for the integration of various biological data. Thus, modeling should involve systems described at various levels, but no actual multi-scalar approaches have yet been applied in this field.

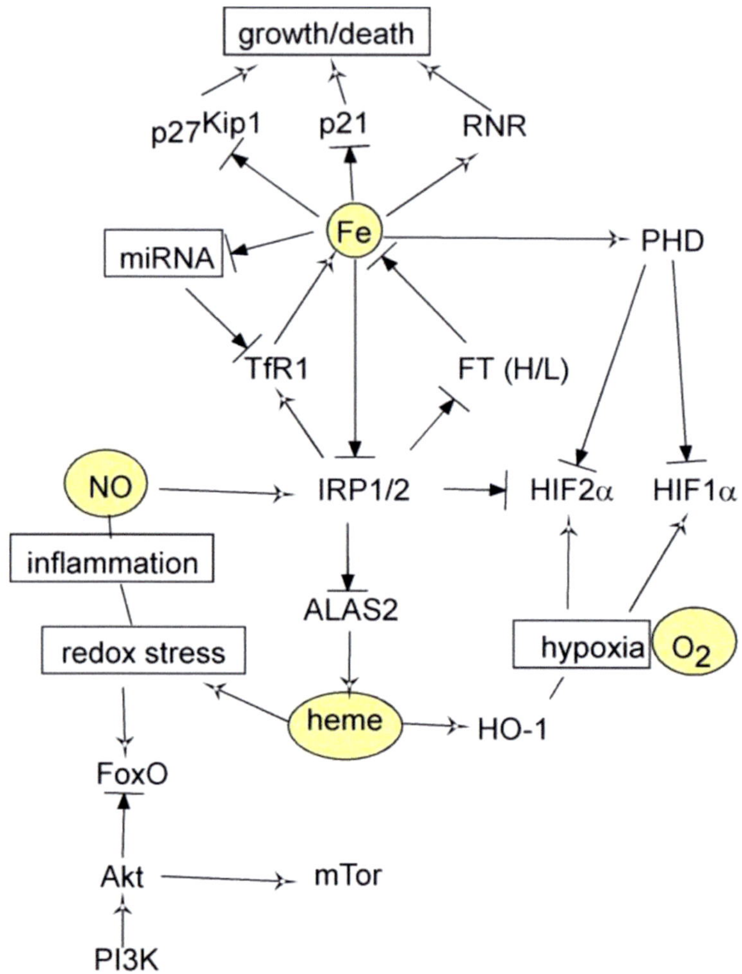

Figure 1: Schematic view of some interactions occurring among participants to iron and redox homeostasis in animal cells, particularly hematopoietic ones, as discussed in the text. Small molecules triggering effects are highlighted in yellow. Blocked arrows indicate inhibition. HO: heme oxygenase; ALAS2: erythroid aminolevulinate synthase; FT(H/L) ferritin subunits; TfR1: transferrin receptor; PHD: prolyl hydroxylase; RNR: ribonucleotide reductase; FoxO: forkhead box O; other abbreviations are given in the text.

The latest kinematic model of animal iron homeostasis adjusted kinetic constants and other parameters describing the exchanges between the different pools of iron in the mouse body and their evolution upon changes of the nutritional iron provision [35]. A conceptually different approach considered an abstracted and digitized representation of iron homeostasis at the level of the whole body using the language of Petri nets [36]. This modeling process can analyze physiological (e.g. impact of hepcidin production) and pathological (e.g. anemia associated with inflammation) conditions by modulating the transitions represented in the model [37-39].

In a further step toward a formal and digitized representation of iron homeostasis, models implementing boolean networks, in which each element can be in one of two states, may be proposed. This has been used with the available biochemical information on iron handling in the well characterized eukaryote *Saccharomyces cerevisiae*. The Boolean formalism was extended by adding a weight, representing the probability of occurrence, to each reaction [40]. The result is a comprehensive description of more than 103 biochemical reactions among more than 600 elements involving, directly or indirectly, iron in yeast. Known phenotypes, such as growth with different substrates or after removal of selective genes in mutants, or upon applying a physiological switch, e.g. +/- O_2, were analyzed for this unicellular organism under laboratory conditions.

The cellular level studied in yeast is also relevant for biological events which are initiated and develop locally in a single tissue, such as the growth of a leukemic clone in AML for instance. An early attempt at considering mammalian cellular iron homeostasis with switch-like regulatory steps, i.e. by representing steep transitions between regulated and non-regulated states, integrated data available at the time [41]. The dynamic properties of this system were represented by ordinary differential equations (ODE). A more recent model of this kind included the presence of the cellular iron exporter, ferroportin, and its degradation upon interaction with external hepcidin [42]. This modeling approach was set in the context of breast cancer, and it particularly focused on properties that were independent of the values of the model parameters. A qualitative validation of this model was provided by modulating ferroportin production, and measuring variations in the concentrations of ferritin and IRP(2).

Another option for the same system has been recently proposed [43]. It differs by the differential equations used to describe the system, particularly in the analytical form representing regulation by available iron and IRP. Indeed, this theoretical discrepancy cannot yet be resolved by discriminatory experimental data. However, the latest efforts [43] *i)* could restrict the set of parameters relevant to a stable physiological condition, *ii)* they could monitor the dynamics of the system upon perturbing this condition by relying on the behavioral constraints expressed in a temporal logic formalism, and *iii)* they bore significant predictive power as to the time evolution of the system triggered by environmental changes. Figure 2 shows the outcome of these simulations. The molecular consequences newly revealed by these results will be experimentally probed in the future, thus significantly extending the present knowledge on this important regulatory system.

Conclusion

Therefore, the latest developments in the modeling of the core regulatory network managing iron at the cellular level provide insight into the details of its properties. These improvements are now challenging existing experimental data and they call for new measurements. This to-ing and fro-ing between experiments and modeling should further detail the placement of this regulatory system among the set of networks organizing mammalian cells.

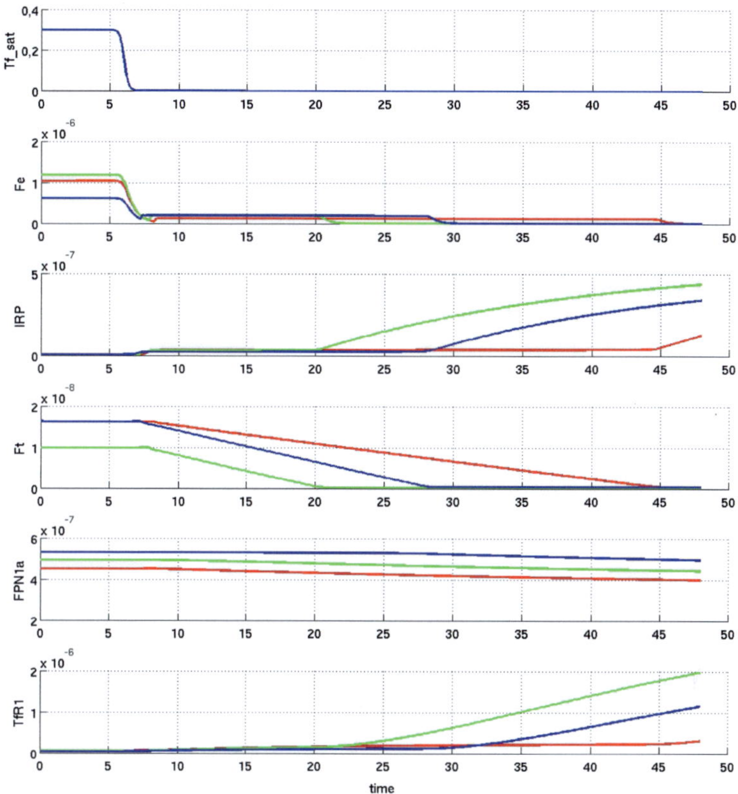

Figure 2: Examples of simulations of the iron regulatory system in response to iron cut-off. The transferrin saturation (represented by Tf_sat, upper curve) was set to zero at time t = 6 hours. The different curves for the other species correspond to three sets of parameters chosen in the parameter space respecting the experimental data and the known behavior of the system. The simulations were done with the tool Breach [44, 45].

When combining a robust molecular description of iron regulation with that of redox balance within the already well advanced modeling of hematopoiesis [46, 47], it may be hoped that a more integrated view of pathological myeloid differentiation will emerge and will improve the therapeutic strategies currently implemented to treat AML.

Acknowledgements

This work was supported in part by a research grant from Région Rhône-Alpes.

References

[1]   Wang, J. and Pantopoulos, K. (2011) Biochem J 434, 365-81.

[2]   Theil, E. C. (2011) J Nutr 141, 724S-728S.

[3]   Ray, P. D., Huang, B. W. and Tsuji, Y. (2012) Cell Signal 24, 981-90.

[4]   Sharp, P. and Srai, S. K. (2007) World J Gastroenterol 13, 4716-24.

[5]   Beaumont, C. and Delaby, C. (2009) Semin Hematol 46, 328-38.

[6]   Kroot, J. J., Tjalsma, H., Fleming, R. E. and Swinkels, D. W. (2011) Clin Chem 57, 1650-69.

[7]   Camaschella, C. and Poggiali, E. (2011) Curr Opin Pediatr 23, 14-20.

[8]   Circu, M. L. and Aw, T. Y. (2010) Free Radic Biol Med 48, 749-62.

[9]   Finkel, T. (2011) J Cell Biol 194, 7-15.

[10]   Estey, E. and Dohner, H. (2006) Lancet 368, 1894-907.

[11]   Roboz, G. J. (2011) Hematology Am Soc Hematol Educ Program 2011, 43-50.

[12]   Ferrara, F. (2012) Expert Opin Investig Drugs 21, 179-89.

[13]   Ito, K., Hirao, A., Arai, F., Matsuoka, S., Takubo, K., Hamaguchi, I., Nomiyama, K., Hosokawa, K., Sakurada, K., Nakagata, N., Ikeda, Y., Mak, T. W. and Suda, T. (2004) Nature 431, 997-1002.

[14]   Grek, C. L., Townsend, D. M. and Tew, K. D. (2011) Pharmacol Ther 129, 172-84.

[15]   Hole, P. S., Darley, R. L. and Tonks, A. (2011) Blood 117, 5816-26.

[16]   Sallmyr, A., Fan, J., Datta, K., Kim, K. T., Grosu, D., Shapiro, P., Small, D. and Rassool, F. (2008) Blood 111, 3173-82.

[17]   Yoon, D., Ponka, P. and Prchal, J. T. (2011) Am J Physiol Cell Physiol 300, C1215-22.

[18]   Ghaffari, S. (2008) Antioxid Redox Signal 10, 1923-40.

[19]   Jang, Y. Y. and Sharkis, S. J. (2007) Blood 110, 3056-63.

[20]   Eliasson, P. and Jonsson, J. I. (2010) J Cell Physiol 222, 17-22.

[21]   Yu, Y., Kovacevic, Z. and Richardson, D. R. (2007) Cell Cycle 6, 1982-94.

[22]   Tschan, M. P., Shan, D., Laedrach, J., Eyholzer, M., Leibundgut, E. O., Baerlocher, G. M., Tobler, A., Stroka, D. and Fey, M. F. (2010) Leuk Res 34, 393-8.

[23]   Merryweather-Clarke, A. T., Atzberger, A., Soneji, S., Gray, N., Clark, K., Waugh, C., McGowan, S. J., Taylor, S., Nandi, A. K., Wood, W. G., Roberts, D. J., Higgs, D. R., Buckle, V. J. and Robson, K. J. (2011) Blood 117, e96-108.

[24]   Ohyashiki, J. H., Kobayashi, C., Hamamura, R., Okabe, S., Tauchi, T. and Ohyashiki, K. (2009) Cancer Sci 100, 970-7.

[25]   Callens, C., Coulon, S., Naudin, J., Radford-Weiss, I., Boissel, N., Raffoux, E., Wang, P. H., Agarwal, S., Tamouza, H., Paubelle, E., Asnafi, V., Ribeil, J. A., Dessen, P., Canioni, D., Chandesris, O., Rubio, M. T., Beaumont, C., Benhamou, M., Dombret, H., Macintyre, E., Monteiro, R. C., Moura, I. C. and Hermine, O. (2010) J Exp Med 207, 731-50.

[26]   Roth, M., Will, B., Simkin, G., Narayanagari, S., Barreyro, L., Bartholdy, B., Tamari, R., Mitsiades, C. S., Verma, A. and Steidl, U. (2012) Blood 120, 386-94.

[27]   Castoldi, M. and Muckenthaler, M. U. (2012) Cell Mol Life Sci, in press.

[28]   Andolfo, I., De Falco, L., Asci, R., Russo, R., Colucci, S., Gorrese, M., Zollo, M. and Iolascon, A. (2010) Haematologica 95, 1244-52.

[29]   Schaar, D. G., Medina, D. J., Moore, D. F., Strair, R. K. and Ting, Y. (2009) Exp Hematol 37, 245-55.

[30]   Li, Y., Lin, L., Li, Z., Ye, X., Xiong, K., Aryal, B., Xu, Z., Paroo, Z., Liu, Q., He, C. and Jin, P. (2012) Cell Metab 15, 895-904.

[31]   Nandal, A., Ruiz, J. C., Subramanian, P., Ghimire-Rijal, S., Sinnamon, R. A., Stemmler, T. L., Bruick, R. K. and Philpott, C. C. (2011) Cell Metab 14, 647-57.

[32]   Nurtjahja-Tjendraputra, E., Fu, D., Phang, J. M. and Richardson, D. R. (2007) Blood 109, 4045-54.

[33]   Döhner, H., Estey, E. H., Amadori, S., Appelbaum, F. R., Buchner, T., Burnett, A. K., Dombret, H., Fenaux, P., Grimwade, D., Larson, R. A., Lo-Coco, F., Naoe, T., Niederwieser, D., Ossenkoppele, G. J., Sanz, M. A., Sierra, J., Tallman, M. S., Lowenberg, B. and Bloomfield, C. D. (2010) Blood 115, 453-74.

[34]   Taskesen, E., Bullinger, L., Corbacioglu, A., Sanders, M. A., Erpelinck, C. A., Wouters, B. J., van der Poel-van de Luytgaarde, S. C., Damm, F., Krauter, J., Ganser, A., Schlenk, R. F., Lowenberg, B., Delwel, R., Döhner, H., Valk, P. J. and Dohner, K. (2011) Blood 117, 2469-75.

[35]   Lopes, T. J., Luganskaja, T., Vujic Spasic, M., Hentze, M. W., Muckenthaler, M. U., Schumann, K. and Reich, J. G. (2010) BMC Syst Biol 4, 112.

[36]   Sackmann, A., Formanowicz, D., Formanowicz, P., Koch, I. and Blazewicz, J. (2007) Comput Biol Chem 31, 1-10.

[37]   Formanowicz, D., Sackmann, A., Formanowicz, P. and Blazewicz, J. (2007) J Biomed Inform 40, 476-85.

[38]   Formanowicz, D., Sackmann, A., Kozak, A., Blazewicz, J. and Formanowicz, P. (2011) Bioprocess Biosyst Eng 34, 581-95.

[39]   Sackmann, A., Formanowicz, D., Formanowicz, P. and Blazewicz, J. (2009) Biosystems 96, 104-13.

[40]   Achcar, F., Camadro, J. M. and Mestivier, D. (2011) BMC Syst Biol 5, 51.

[41]   Omholt, S. W., Kefang, X., Andersen, O. and Plahte, E. (1998) J Theor Biol 195, 339-50.

[42]   Chifman, J., Kniss, A., Neupane, P., Williams, I., Leung, B., Deng, Z., Mendes, P., Hower, V., Torti, F. M., Akman, S. A., Torti, S. V. and Laubenbacher, R. (2012) J Theor Biol 300C, 91-99.

[43]   Mobilia, N., Donzé, A., Moulis, J.-M. and Fanchon, E. (2012) Electronic Proceedings in Theoretical Computer Science 92, 42-57.

[44]   Donzé, A. (2010) CAV - Computer Aided Verification, 167-170.

[45]   Donzé, A., Fanchon, E., Gattepaille, L. M., Maler, O. and Tracqui, P. (2011) PLoS One 6, e24246.

[46]   Chickarmane, V., Enver, T. and Peterson, C. (2009) PLoS Comput Biol 5, e1000268.

[47]   Whichard, Z. L., Sarkar, C. A., Kimmel, M. and Corey, S. J. (2011) Blood 115, 2339-47.

Zinkionen: Botenstoffe in der intra- und interzellulären Kommunikation

Wolfgang Maret

King's College London, Metal Metabolism Group, Division of Diabetes and Nutritional Sciences, School of Medicine, Franklin-Wilkins Building 3.79, 150 Stamford Street, London SE1 9NH, Großbritannien

Email: wolfgang.maret@kcl.ac.uk

Schlüsselwörter: Zink; Zinkionen; Zinkpuffer; Zelluläre Homöostase; Signaltransduktion

Kurztitel: Zink als zellulärer Botenstoff

Zusammenfassung

Im menschlichen Körper spielt Zink eine wichtige Rolle in der Katalyse, Struktur und Regulation von mindestens 3000 Proteinen. Etwa drei Dutzend Proteine sind direkt an der zellulären Homöostase von Zink sowie am Transport und als Sensoren des Zinkspiegels beteiligt. Eine bemerkenswerte Wende in unserem Verständnis ist die Erkenntnis, dass diese Proteine nicht nur den Zinkhaushalt gewährleisten, sondern auch über die Kontrollfunktionen von Zinkionen entscheiden. Diese neue Auffassung entstand aufgrund quantitativer Daten über die Bindungsstärke von Zink an Proteine und die sich daraus ergebenden extrem niedrigen, aber nicht vernachlässigbaren Konzentrationen an "freien" Zinkionen. Sowohl proteingebundene als auch freie Zinkionen sind funktionell von Bedeutung. Die Konzentrationen von freien Zinkionen sind im pikomolaren Bereich; sie sind aber keineswegs konstant, sondern unterliegen induzierten Schwankungen, so dass Zink als Botenstoff zwischen Zellen und in den

Zellen selbst wirken kann. Solche *Zinksignale* entstehen einerseits durch Phosphorylierung von Membrankanälen, die Zinkionen aus einem Reservoir im endoplasmatischen Retikulum freisetzen, und andererseits durch Oxidation der Schwefelliganden in Koordinationsstellen von Zink in Proteinen. Die freigesetzten Zinkionen binden an weitere Proteine und beeinflussen deren Aktivität. Ein Beispiel sind Proteintyrosinphosphatasen, die selbst keine Zinkproteine sind, aber durch pikomolare Zinkkonzentrationen gehemmt werden. Die Mitwirkung des Übergangsmetallions Zink an der Kontrolle von zellulären Phosphorylierungskaskaden ist ein neues Prinzip für die Wirkung eines Spurenelements und belegt recht eindrucksvoll, dass ein essentielles Element, das quantitativ als Spurenelement betrachtet wird, qualitativ umfassende Bedeutung hat.

Einleitung

Man könnte argumentieren, dass Zink eher den Mineralstoffen als den Spurenelementen zuzuordnen ist. Der Grund für diese Betrachtungsweise ist die verhältnismäßig hohe Konzentration von Zink in der Zelle und die ebenso vergleichsweise hohe Gesamtmenge im Menschen. Die Zinkkonzentration beträgt > 0,2 mM für die meisten Zellen und entspricht damit in etwa der Größenordnung von Metaboliten, wie bespielsweise ATP. Zum Vergleich: die Menge an Zink in einem Menschen mit 70 kg Gewicht ist mit 2-3 mg dem des Eisens ähnlich.

Die Entdeckung, dass Zink essentiell für das Wachstum eines Pilzes ist, wurde von Jules Raulin, einem Schüler von Louis Pasteur, im Jahre 1869 gemacht [1]. Es dauerte fast hundert Jahre, bis Ananda Prasad im Jahre 1961 Zinkmangel beim Menschen feststellte und zeigen konnte, dass Zinkgaben das Wachstum stimulierten und die Pubertät bei Jungen, die in ihrer Entwicklung weit gegenüber ihren Altersgenossen zurückgeblieben waren, einleitete [2]. Die Biochemie des Zinks begann allerdings früher mit der Entdeckung von David Keilin (1939), dass Carboanhydrase ein Zinkenzym ist [3].

Es ist nicht Ziel dieses Artikels die Geschichte der Zinkbiochemie vollständig zu beschreiben. Ein gerade erschienenes Buch bietet einen Überblick [4].

Es reicht festzustellen, dass seit den 1960er Jahren mit der Entwicklung von analytischen Methoden zur Reinigung von Proteinen und zur Bestimmung von Zink viele Zinkenzyme beschrieben wurden [5]. Doch die Bedeutung des Zinks in der Biologie erfuhr einen weiteren "Quantensprung" mit der Entdeckung der Zinkfingerproteine [6]. In diesen hat Zink nicht eine katalytische Funktion wie in den Zinkenzymen, sondern Zinkfingerproteine bestimmen die Struktur von Proteindomänen in einer solchen Weise, dass spezifische Wechselwirkungen mit DNA/RNA, anderen Proteinen und Lipiden möglich werden. Ein Höhepunkt in der Zinkbiologie wurde erreicht, als es vor etwa fünf Jahren gelang, durch Sequenzanalysen Metallbindungsstellen vorauszusagen und abzuschätzen, dass das menschliche Genom für über 3000 zinkhaltige Proteine kodiert [7]. Damit ist etwa jedes zehnte Protein ein Zinkprotein.

So beeindruckend diese Entwicklung der Zinkbiochemie ist, so weisen doch neue Ergebnisse auf eine noch größere Bedeutung des Zinks hin. Gegenstand der folgenden Abhandlung ist es, diese neuen Erkenntnisse zu beschreiben, welche weitgehend darauf beruhen, dass nicht nur permanent proteingebundene Zinkionen, sondern auch Zinkionen, die freigesetzt werden und dann als Botenstoffe regulierend in das zelluläre Geschehen eingreifen, von Bedeutung sind.

Zinkionen als Botenstoffe

Die Anfänge dieses Gebietes gehen auf die Entdeckung von hohen Zinkkonzentrationen im Hippokampus durch Helmut Maske (1955) zurück [8]. Eine Folge von Untersuchungen führte zu der Einsicht, dass Zinkionen ein Bestandteil der synaptischen Vesikel sind, von denen sie ausgeschüttet werden und als interzelluläre Botensubstanzen wirken [9]. Dieses Prinzip, dass Zellen Zink ausscheiden, wurde dann für viele andere Zellen gezeigt. Ausgiebige Übersichtsarbeiten berichten darüber [10].

Im Folgenden will ich mich auf die Vorgänge in der Zelle beschränken. Hier zeigen Experimente in den letzten Jahren, dass auch Zinkionen, die innerhalb der Zelle freigesetzt werden, eine Funktion als Botenstoffe haben. Die Wirkung findet bei so geringen Konzentrationen statt, dass sie für Metallionen eine neue Dimension eröffnen. Zum Verständnis der Funktion als Botenstoff hat eine weitere Entwicklung entscheidend beigetragen, nämlich die Erkenntnis, dass die zelluläre Zinkhomöostase ein äußerst komplexer Prozess ist, an dem viele Proteine beteiligt sind.

Die zelluläre Zinkhomöostase – über Biomoleküle der systemischen Zinkhomöostase wissen wir relativ wenig – zeichnet sich durch eine umfangreiche Kompartimentierung des Zinks aus. Mindestens zwei Dutzend Transportproteine sind beim Menschen für die Aufnahme und Abgabe von Zink durch die Plasmamembran und für die intrazelluläre Verteilung zu den zahlreichen Organellen verantwortlich [11,12]. Dazu kommen ein Dutzend Metallothioneine, die Zink in der Zelle verteilen und sicherstellen, dass die freien Zinkkonzentrationen gepuffert sind [13]. Schließlich sind Sensorproteine dafür verantwortlich, dass genügend Zink in chemisch verfügbarer Form vorhanden ist.

Aufgrund der Beteiligung von Zink in so vielen Proteinen beschäftigt man sich letztendlich mit der Frage, wie, wann, und wo in der Zelle Zink für die Funktion in Proteinen bereitgestellt wird. Eine ausreichende Antwort gibt es jedoch noch nicht. Es ist ebenfalls nicht bekannt, ob die Verteilung einer Hierarchie unterliegt, die es erlauben würde, bei Zinkmangel Zink für die wichtigsten Funktionen zurückzuhalten, aber für weniger wichtige Funktionen aufzugeben. Mit der Entdeckung von Proteinen, die an der zellulären Zinkhomöostase beteiligt sind, wurde die Komplexität der Regulation von Zink aufgeklärt – an sich alleine schon ein Beweis dafür, welche Bedeutung die Zelle Zink beimisst – und es wurde deutlich, dass diese Proteine ganz spezielle Eigenschaften haben, die auf die zellulären Funktionen von Zink genau abgestimmt sind.

Regulation von Zink: Die Kontrolle der zellulären Zinkhomöostase

Mehrere Dutzend Proteine sind an der Speicherung und Freisetzung von Zink beteiligt. Sie binden einen Überschuss an Zink und vermeiden damit unerwünschte Nebenreaktionen, transportieren Zink durch Membranen und zelluläre Kompartimente und sind ebenfalls Sensoren.

Zehn Proteine aus der ZnT Familie (SLC30A) transportieren Zink aus dem Zytosol, während vierzehn Proteine aus der Zip Familie (SLC39A) Zink in das Zytosol transportieren [11,12]. Diese Transporter kontrollieren Zink auf subzellulärem Niveau und unterliegen selbst einer ausgiebigen Kontrolle. Leider sind Kristallstrukturen von Zip Proteinen noch nicht entschlüsselt. Allerdings ist eine Kristallstruktur des *E. coli* Proteins Yiip, einem Homolog der menschlichen ZnT Proteine, bekannt [14]. Yiip ist ein Zn^{2+}/H^+ Antiporter. Es ist ein Dimer mit einer Transmembrandomäne und einer zytoplasmatischen Domäne. Das Monomer bindet mehrere Zinkionen. Eine Bindungstelle zwischen den Transmembranhelices ist am Zinktransport beteiligt, während eine binukleare Bindungsstelle als Sensor für die zytosolische Zinkkonzentration dient. Mit der Zinkbindung ist ein Konformationswechsel verbunden, der den Transport von Zink durch die Transmembrandomäne ermöglicht. Metal-response element (MRE)-binding transcription factor-1 (MTF-1) ist der einzig bekannte Zinkionensensor in Eukaryonten. Das Protein kontrolliert zinkabhängige Genexpression bei erhöhten Zinkkonzentrationen [15]. Ein spezielles Paar seiner sechs Zinkfinger scheint für die Sensorfunktion verantwortlich zu sein [16].

Metallothioneine (MT) sind ebenfalls an der Zinkhomöostase beteiligt. Der Mensch hat mindestens zwölf verschiedene Metallothioneine [13]. Die Genexpression der Mehrzahl dieser Proteine ist unter der Kontrolle von MTF-1. MT Proteine haben 60-68 Aminosäuren, wovon 20-21 Cysteine sind. MT haben zwei Eigenschaften, die verglichen mit anderen Zinkproteinen außergewöhnlich sind [17]. Zum einen binden MT bis zu sieben Zinkionen mit 20 Cysteinen. Jedoch wären 28 Cysteine notwendig, um jedes der sieben Zinkionen einzeln zu binden. Trotzdem hat jedes Zinkion vier Cysteinliganden. Dies ist aber nur möglich, indem die Schwefelatome als Brückenliganden in zwei Zink/Thiolat Clustern, Zn_3S_9 und Zn_4S_{11}, eingesetzt werden. Die Koordination ist den zellulären Verhältnissen durch verschiedene Bindungsstärken der Zinkionen angepasst, obwohl alle sieben Zinkionen formal die gleichen Liganden haben. Somit können MT sowohl Zinkakzeptoren als auch Zinkdonatoren sein. Die zweite Eigenschaft besteht darin, dass MT Redoxproteine sind. Zink, im Gegensatz zu Eisen und Kupfer, ist in der Zelle immer redox-inert. Allerdings können die Schwefelliganden oxidiert werden, und diese Kopplung an die Redoxchemie der Zelle erlaubt die Freisetzung und Bindung von Zinkionen aus

Bindungsstellen, die thermodynamisch sehr stabil sind. Mikromolare Konzentrationen von MT bieten Zellen einen vorübergehenden Zinkspeicher mit hinreichender Kapazität und Bindungsstärke für Zink. Verglichen mit pikomolaren freien Zinkionenkonzentrationen steht der Zelle somit genügend gebundenes Zink zur Verfügung, das bei Bedarf bereitgestellt werden kann.

Das Puffern von Zink

Wie jedes andere essentielle Metallion wird die Zinkionenkonzentration in einem ganz bestimmten Bereich reguliert, sodass Zink-spezifische Reaktionen ohne Interferenz mit anderen Metallionen stattfinden können. Die Metallionen sind gepuffert, und für dieses Puffern ist die Bindungsstärke der Proteine und anderer Liganden für Zink verantwortlich. Für Zink sind Komplexkonstanten zytosolischer Proteine im pikomolaren Bereich gemessen worden [18]. Daher ist fast alles Zink proteingebunden und die freien Zinkkonzentrationen sind entsprechend außerordentlich niedrig [19]. Mehrere Arbeitsgruppen zeigten mit verschiedenen Messmethoden, dass die freien Zinkkonzentrationen im Bereich von zehn bis zu mehreren Hunderten Pikomolar liegen. Die gesamte Zinkkonzentration einer Zelle ist allerdings ein paar hundert Mikromolar, also mindestens sechs Größenordnungen höher als diejenige der freien Zinkionen. So gering wie diese Konzentrationen auch sind, so ist das freie Zink nicht zu vernachlässigen, sondern es ist eine wichtige Substanz in der zellulären Regulation. Dabei muss man bedenken, dass die Zelle Zinkkonzentrationen in einer Weise puffert, wie das im Labor nur mit Chelatbildnern möglich ist.

Ungefähr 30% der Pufferkapazität beruht auf Liganden mit einer Sulfhydrylgruppe [20]. Oxidation dieser Sulfhydryle unter oxidativem Stress verringert die Pufferkapazität, wodurch Zellen empfindlich gegenüber zusätzlichen Zinkionen werden. Der zelluläre Zinkpuffer ist dynamisch: dabei kann sich der pZn Wert (pZn = $-\log[Zn^{2+}]$), die Pufferkapazität oder beides ändern [19]. Eine Erhöhung der Zinkpufferkapazität durch eine Erhöhung der Konzentration der Zink-bindenden Liganden erlaubt der Zelle mehr Zink aufzunehmen und dabei den pZn Wert konstant zu halten. Eine Erniedrigung der Zinkpufferkapazität macht es dagegen möglich, den pZn

Wert zu ändern, unter Bedingungen wie beispielsweise Zinkaufnahme oder Zinkabgabe. Je nachdem, ob die Zelle sich teilt, differenziert oder programmierten Zelltod erleidet, liegen unterschiedliche pZn Werte vor [20, 21]. Die Bedeutung dieser dynamischen Prozesse liegt darin, dass es der Zelle damit möglich wird, globale oder lokale Änderungen der Zinkkonzentration zur Kontrolle von Proteinen zu verwenden. Allerdings ist die thermodynamische Kontrolle von Zink nicht der einzige Prozess. Wenn dem so wäre, dann könnte Zink sich nur gemäß dem Gradienten in einer Richtung, nämlich zu festeren Bindungsstellen hin bewegen. Wichtig sind daher die Speicherung und das Freisetzen von Zink nicht nur von dynamischen Koordinationsstellen in Proteinen, sondern vor allem auch von zellulären Kompartimenten. Der intrazelluläre Transport zwischen verschiedenen Kompartimenten braucht viele Transporter, die auch zum Zinkpuffern einer Zelle beitragen. Ein solcher Transport von Metallionen ist allerdings ein kinetisches Phänomen, für das man im Falle des Kalziums den Namen "Muffling" (Dämpfen) eingeführt hat [22]. Indem Zinkionen vom Zytosol in ein Kompartiment überführt werden, kann die Zelle weitaus höhere Schwankungen der Zinkkonzentration hinnehmen. Zelluläres Zinkpuffern ist also eine Kombination von thermodynamischem Puffern der Liganden und kinetischem "Muffling" durch die Aktivitäten von Transportern [23]. Grundlegend ist, dass dieses Puffern nicht nur kontrolliert, dass die korrekte Zinkkonzentration in der Zelle vorliegt, sondern es erst möglich macht, dass freie Zinkkonzentrationen sich ändern können und dann zur Kontrolle von zellulären Vorgängen verwendet werden. Durch bereitgestellte Vesikel wird Zink vorübergehend gespeichert und dann bei Bedarf zur Verfügung gestellt. Hiermit scheint eine lange Diskussion beendet, nämlich dass nie ein Protein mit hoher Speicherkapazität für Zink, wie beispielsweise Ferritin für Eisen, gefunden wurde.

Zink in der Regulation: Zink(II)ionen als Botenstoffe

Die wohl interessanteste Entwicklung in der Zinkbiologie begann mit der Erkenntnis, dass freigesetzte Zinkionen eine Funktion als Botenstoffe in der Zelle und zwischen Zellen haben. Die Bevorzugung von bestimmten

Koordinationsstellen verleiht diesen Zinksignalen eine gewisse Spezifität [24]. Die Amplituden der Signale bestimmen, welche Proteine von den Signalen betroffen sind, denn diese Proteine müssen sich durch entsprechende Bindungskonstanten auszeichnen. Wenn durch bestimmte Bedingungen die Zelle stimuliert wird, dann nehmen die Zinkkonzentrationen im pikomolaren Bereich zu und erreichen maximal 1-2 Nanomolar. Höhere freie Zinkkonzentrationen sind zytotoxisch. Zink erreicht innerhalb von Minuten wieder die steady-state Konzentration, es sei denn, die Pufferkapazität ändert sich [25]. In einer Reihe von Experimenten wurden diese Schwankungen unter verschiedeneden Bedingungen gemessen, beispielsweise unter oxidativem Stress, hohen Glukosekonzentrationen, elektrischer Stimulierung, oder Verdrängung von Zink in Koordinationsstellen durch Schwermetalle wie Quecksilber. Die folgenden Abschnitte beschäftigen sich mit der Erzeugung solcher Zinksignale, deren Zielproteine und der Aufhebung der Wirkung von Zink.

Erzeugung von Zinksignalen

Zusätzlich zu der Freisetzung von Zink von Proteinen gibt es zwei Prozesse, bei denen Zinkionen von Vesikeln freigesetzt werden. Zum einen gibt es Vesikel, die an einer Exozytose teilnehmen und Zink in den extrazellulären Raum ausschütten. Das am längsten bekannte Beispiel ist die Ausschüttung von Zink aus synaptischen Vesikeln von Nervenenden im Hippokampus in den synaptischen Spalt [26]. Das geschieht in Synapsen, die Glutamat als Botenstoff verwenden. Ein Zielprotein ist der postsynaptische N-methyl-D-aspartat (NMDA) Rezeptor, den nanomolare Zinkkonzentrationen hemmen [27], aber es gibt auch andere Zielproteine, einschließlich solcher am selben Nervenende nach Zinkwiederaufnahme. Zinkfreisetzung durch Exozytose ist auch an Zellen, die keine Nervenzellen sind, beobachtet worden [28]. Dazu gehören exokrine und endokrine Drüsen, somatotrophische Zellen der Hirnanhangdrüse, pankreatische Azinarzellen, β-Zellen der Langerhans Inseln, Paneth Körnerzellen in den Lieberkühn Krypten, Zellen der Tubuloazinardrüsen der Prostata, Epithelzellen der Epididymis und Osteoblasten. Die Beladung von Vesikeln geschieht durch spezielle Transporter: ZnT3 in Nervenzellen, ZnT8 in pankreatischen β-Zellen und ZnT2 in Epithelzellen der Brust [29]. Die Beladung und Ausscheidung ist mit wichtigen physiologischen Funktionen verbunden: z.B. der Ausbildung der hexameren Struktur und Speicherform von Insulin oder der Versorgung der Milch mit Zink. Oozyten von Mäusen nehmen bedeutende Mengen an Zink im letzten Stadium der Reifung auf und hören nach der ersten meiotischen Teilung auf zu wachsen [30]. Nach der Befruchtung scheiden die Embryonen Zink in einem Prozess aus, der als "zinc sparks" (Zinkfunken) bezeichnet wird, und nehmen dann die Zellteilung wieder auf.

Zum anderen werden freie Zinkionen in der Zelle freigesetzt. Verschiedene Wachstumshormone aktivieren Caseinkinase-2, die den Zinktransporter Zip7 phosphoryliert, was wiederum zur Ausschüttung von Zinkionen von einem Speicher im endoplasmatischen Retikulum in das Zytosol und in der Folge zur Zellproliferation führt [31]. Schwankungen von freien Zinkionen finden im mitotischen Zellzyklus statt und zeichnen sich durch zwei Maxima aus. Ein Maximum liegt in der frühen G1 Phase und ein weiteres in der S Phase [25]. Ähnliche Prozesse wurden in Form einer Ausschüttung von Zink aus Lysosomen in Interleukin 2-stimulierten T-Zellen als Bedingung zur Zellproliferation beobachtet [32]. In Makrophagen veranlasst die Stimulierung des Immunoglobulin E FcεRI Rezeptors und anschliessende Aktivierung von ERK/IP$_3$ -abhängigen Signalen die Zinkausschüttung, ein als "zinc wave" (Zinkwelle) bezeichneter Prozess [33]. "Zinc sparks" werden in Sekunden beobachtet, während "zinc waves" in einer Zeitspanne von Minuten ablaufen. Damit haben Zinksignale nicht nur verschiedene Amplituden, sondern auch verschiedene Frequenzen.

Proteine sind Ziel von freien Zinkionen

Räumliche Nähe scheint eine Voraussetzung für die Wirkung von Zinksignalen zu sein. Wegen ihrer hohen Affinität für Sulfhydrylgruppen sind Zinkionen klassische Hemmer von Proteinen. Was aber nicht bekannt war, ist, dass eine solche Hemmung physiologisch sehr bedeutend sein kann. Das wurde erst dadurch ersichtlich, dass bestimmte Enzyme, wie beispielsweise Proteintyrosinphosphatasen, durch pikomolare und nanomolare Konzentrationen von freien Zinkionen gehemmt werden [34]. Jedoch werden Proteintyrosinphosphatasen nicht als Zinkproteine betrachtet. Ein Grund ist, dass sie in Gegenwart von Chelatbildnern isoliert werden, um ihre enzymatische Aktivität zu erhalten. Kinetische Unter-

suchungen dieser Enzyme mit gepufferten Lösungen von Zinkionen ergaben eine Bindungskonstante von 27 pM für die zytoplasmatische Domäne
der Rezeptorproteintyrosinphosphatase beta [35]. Am Ort der Freisetzung
können die freien Zinkkonzentrationen jedoch höher sein als Konzentrationen, die sich aus dieser Gleichgewichtskonstante ergeben. Damit ist eine
physiologische Hemmung dieses Enzyms sehr wahrscheinlich. Einige
Proteintyrosinphosphatasen sind an die Membran des endoplasmatischen
Retikulums gebunden, wo die Zinkfreisetzung stattfindet. Die Phosphorylierung von Zip7, die Hemmung der enzymatischen Aktivität von Proteintyrosinphosphatasen, und die Schwankungen der Konzentration von freien
Zinkionen belegen eine Funktion von Zink in Phosphorylierungskaskaden.
Die Affinität von Enzymen und Proteinen für Zink definiert eine untere und
eine obere Grenzkonzentration für die Steuerung biologischer Prozesse
durch Zink [36]. Vier unabhängige Beobachtungen legen diesen Bereich der
Steuerung in pikomolare Konzentrationen von Zink: (i) die gemessene freie
Zinkionenkonzentration und deren Schwankungen, (ii) die Bindungskons-
tanten von MT für Zink, (iii) die Bindungskonstanten von Zinkproteinen für
Zink, und (iv) die Bindungskonstanten der Zielproteine von Zinksignalen.
Die Funktionen von Zinkionen bei so geringen Konzentrationen - ein
Bereich der typisch für Hormone ist - ist äußerst bemerkenswert und
soweit einzigartig unter den Spurenmetallen. So erweitert Zink die
Kontrollfunktionen von Metallionen - Magnesium im mikromolaren
Bereich, Kalzium im nanomolaren Bereich - in den pikomolaren Bereich.
Damit können diese drei Metallionen, die nicht der Redoxkontrolle unter-
liegen, über viele Grössenordnungen an Konzentrationen in der biolo-
gischen Kontrolle wirken.

Die Aufhebung der Zinksignalwirkung

Metallothionein hat Bindungskonstanten für Zink genau in dem Bereich,
der zur hier diskutierten Regulation notwendig ist [37]. Daher ist MT
thermodynamisch keine Endstation für Zink, sondern es kann aktiv an der
Verteilung von Zink durch Erzeugung und Aufhebung von Zinksignalen
teilnehmen. *In vitro* bindet Thionein, das Apoprotein von Metallothionein,
Zink und aktiviert durch Zink gehemmte Enzyme. *In vivo* ist weder Metallothionein ganz mit Metallionen beladen noch Thionein völlig frei von

Metallionen. Der Transport von MT in Zellen und die Expression der MT Gene durch zahlreiche Signalwege machen eine Änderung der Zinkpufferkapazität möglich. Modulation der Chelatbildnerkapazität von MTs, durch Änderung entweder der totalen Menge oder des Redoxzustands von MT, ermöglicht die Kontrolle der regulatorischen Funktionen von Zinkionen. Erhöhte Zinkionenkonzentrationen induzieren MTF-1-kontrollierte Gentranskription von Thioneinen und des Zinktransporters ZnT1. Damit können überschüssige Zinkionen gebunden und Zink aus der Zelle enfernt werden.

Zusammenfassend kann man feststellen, dass für die biologische Zinkforschung ein neues Stadium begonnen hat, von dem man sich viele neue Einsichten in die zellulären Steuerungsvorgänge verspricht und damit neue Ansätze zur Früherkennung, Vorbeugung, und Behandlung von Krankheiten, an denen Zink direkt oder indirekt beteiligt ist, wie beispielsweise Krebs, Diabetes und andere degenerative und chronische Erkrankungen.

Danksagung

Frau Bettina Schuhn gilt mein Dank für ihr kritisches Lesen des Manuskripts.

Literatur

[1]   Raulin J. Etudes chimiques sur la vegetation, Ann Sci Nat Bot Biol Veg. 1869;11: 92-299.

[2]   Prasad AS, Halsted JA, Nadimi M. Syndrome of iron deficiency anemia, hepatosplenomegaly, hypogonadism, dwarfism and geophagia, Am J Med. 1961;31: 532-46.

[3]   Keilin D, Mann T. Carbonic anhydrase, Nature. 1939;144: 442-3.

[4]   Rink L. editor, Zinc in human health. Amsterdam: IOS Press 2011.

[5]   Vallee BL, Falchuk K. The biochemical basis of zinc physiology, Physiol Rev. 1993;73: 79-118.

[6]   Miller J, McLachlan AD, Klug A. Repetitive zinc-binding domains in the protein transcription factor IIIA from Xenopus oocytes, EMBO J. 1985;4: 1609-14.

[7]   Andreini C, Banci L, Bertini I, Rosato A. Counting the zinc-proteins encoded in the human genome, J Proteome Res. 2006;5: 196-201.

[8]   Maske H. Über den topochemischen Nachweis von Zink im Ammonshorn verschiedener Säugetiere, Naturwissenschaften. 1955;42: 424.

[9]   Frederickson CJ, Koh J-Y, Bush AI. The neurobiology of zinc in health and disease, Nat Rev Neurosci. 2005;6: 449-62.

[10]   Haase H, Maret W. The regulatory and signaling functions of zinc ions in human cellular physiology, In: Zalups R, Koropatnick J, editors. Cellular and molecular biology of metals. Boca Raton: Taylor and Francis; 2009.

[11]   Lichten LA, Cousins RJ. Mammalian zinc transporters: nutritional and physiologic regulation. Annu Rev Nutr. 2009;29: 153-76.

[12]   Fukada T, Kambe T. Molecular and genetic features of zinc transporters in physiology and pathogenesis, Metallomics. 2011;3: 662-74.

[13]   Li Y, Maret W. Human metallothionein metallomics, J Anal Atom Spectr. 2008;23: 1055-62.

[14]   Lu M, Chai J, Fu D. Structural basis for autoregulation of the zinc transporter Yiip, Nat Struct Biol. 2009;16: 1063-7.

[15]   Günther V, Lindert U, Schaffner W. The taste of heavy metals: Gene regulation by MTF-1, Biochim Biophys Acta. 2012;1823: 1416-25.

[16]   Laity JH, Andrews GK. Understanding the mechanism of zinc-sensing by metal-responsive element binding transcription factor-1 (MTF-1), Arch Biochem Biophys. 2007;463: 201-10.

[17]   Maret W. Redox biochemistry of mammalian metallothioneins, J Biol Inorg Chem. 2011;16: 1079-86.

[18]   Maret W. Zinc and sulfur: A critical biological partnership, Biochemistry. 2004;43: 3301-9.

[19]   Maret W. Molecular aspects of human cellular zinc homeostasis: Redox control of zinc potentials and zinc signals, BioMetals 2009;22: 149-57.

[20]   Kręzel A, Maret W. Zinc buffering capacity of a eukaryotic cell at physiological pH, J Inorg Biol Chem. 2006;11: 1049-62.

[21]   Kręzel A, Hao Q, Maret W. The zinc/thiolate redox biochemistry of metallo-thionein and the control of zinc ion fluctuations in cell signaling, Arch Biochem Biophys. 2007;463: 188-200.

[22]   Thomas RC, Coles JA, Deitmer JW. Homeostatic muffling, Nature. 1991;350: 564.

[23]   Colvin RA, Holmes WR, Fontaine CP, Maret W. Cytosolic zinc buffering and muffling: their role in intracellular zinc homeostasis, Metallomics. 2010;2: 306-17.

[24]   Maret W, Li Y. Coordination dynamics of zinc in proteins, Chem. Rev. 2009 109: 4682-707.

[25]   Li Y, Maret W. Transient fluctuations of intracellular zinc ions in cell proliferation, Exp Cell Res. 2009;315: 2463-70.

[26]   Toth K. Zinc in neurotransmission, Annu Rev Nutr. 2011;31: 139-53.

[27]   Paoletti P, Ascher P, Neyton J. High-affinity inhibition of NMDA NR1-NR2A receptors, J Neurosci. 1997;17: 5711-25.

[28]   Danscher G, Stoltenberg M. Zinc-specific autometallographic in vivo selenium methods: Tracing of zinc-enriched (ZEN) pathways, and pools of zinc ions in a multitude of other ZEN cells, J Histochem Cytochem. 2005;53: 141-53.

[29]   Kelleher SL, McCormick NH, Velasquez V, Lopez V. Zinc in specialized secretory tissues: Roles in the pancreas, prostate, and mammary gland, Adv Nutr. 2011;2: 101-11.

[30]   Kim AM, Bernhardt ML, Kong BY, Ahn RW, Vogt S, Woodruff TK, O'Halloran TV. Zinc sparks are triggered by fertilization and facilitate cell cycle resumption in mammalian eggs, ACS Chem Biol. 2011;6: 716-23.

[31]   Taylor KM, Hiscox S, Nicholson RI, Hogstrand C, Kille P. Protein kinase CK2 triggers cytosolic zinc signaling pathways by phosphorylation of zinc channel ZIP7, Sci Signal. 2012;5(210):ra11.

[32]   Kaltenberg J, Plum JL, Ober-Blöbaum JL, Hönscheid A, Rink L, Haase H. Zinc signals promote IL-2-dependent proliferation of T-cells, Eur J Immunol. 2010;40: 1496-1503.

[33]   Yamasaki S, Sakata-Sogawa K, Hasegawa A, Suzuki T, Kabu K, Sato E, Kurosaki T, Yamashita S, Tokunaga M, Nishida K, Hirano T. Zinc is a novel intracellular second messenger, J Cell Biol. 2007;177: 637-45.

[34]   Maret W, Jacob C, Vallee BL, Fischer EH. Inhibitory sites in enzymes: Zinc removal and reactivation by thionein, Proc Natl Acad Sci USA. 1999;96: 1936-40.

[35]   Wilson M, Hogstrand C, Maret W. Picomolar concentrations of free zinc(II) ions regulate receptor protein tyrosine phosphatase beta activity, J Biol Chem. 2012; 287: 9322-6.

[36]   Krężel A, Maret W. Thionein/metallothionein control Zn(II) availability and the activity of enzymes, J Inorg Biol Chem. 2008;13: 401-9.

[37]   Krężel A, Maret W. The nanomolar and picomolar Zn(II) binding properties of metallothionein, J Am Chem Soc. 2007;129: 10911-21.

Zink beeinflusst den zellulären Redoxstatus und die Basenexzisionsreparatur (BER)

Elisa Schulze[1], Claudia Keil[1], Julia Schrank[1], Jürgen Zentek[2], Andrea Hartwig[1]

[1]Karlsruher Institut für Technologie (KIT), Abteilung für Lebensmittelchemie und Toxikologie, Adenauerring 20 a (Geb. 50.41), 76131 Karlsruhe

[2]Freie Universität Berlin, Institut für Tierernährung, Königin-Luise-Str.49, 14195 Berlin

Email: andrea.hartwig@kit.edu, elisa.schulze@kit.edu

Schlüsselwörter: Zink; Basenexzisionsreparatur; Redoxstatus; Poly(ADP-Ribose) Polymerase 1; 8-Oxoguanin-DNA-Glykosylase 1

Kurztitel: Zink, oxidativer Stress und DNA-Reparatur

Einleitung

Biochemische Funktionen von Zink

Das Spurenelement Zink ist essentiell für den Menschen. Der Gesamtkörperbestand an Zink beträgt etwa 2-4 g; die Konzentration im Plasma liegt bei 11-20 µM. Zink ist Bestandteil von mehr als 3000 Proteinen, einschließlich 1000 Enzymen. Zinkabhängige Enzyme sind in allen sechs Enzymklassen (Oxidoreduktasen, Transferasen, Hydrolasen, Lyasen, Ligasen und Isomerasen) vertreten, wobei Zink innerhalb dieser Proteine sowohl katalytische Funktionen (z.B. Carboanhydrase) als auch strukturelle Funktionen (z.B. Alkoholdehydrogenase) einnimmt. Zink ist u.a. an der

Ausbildung sogenannter Zinkfingerstrukturen beteiligt. Dabei wird ein Zinkatom durch vier Cysteine und/oder Histidine komplexiert und schafft damit die Voraussetzung für Protein-Protein- bzw. DNA-Protein-Wechselwirkungen. Zink-bindende Domänen sind beispielsweise Bestandteil von Transkriptionsfaktoren (u.a. TF IIIA), DNA-Reparaturproteinen (u.a. XPA, PARP) und dem Tumorsupressorprotein p53.

Damit ist Zink an zahlreichen zellulären Prozessen, die an der Aufrechterhaltung der genomischen Stabilität mitwirken, wie der Zellproliferation und - differenzierung, an zellulären Signalwegen, an der antioxidativen Abwehr, an der DNA-Reparatur sowie an der Genexpression beteiligt [zusammengefasst in 1, 2]

Zinkhomöostase

Die Zinkhomöostase wird vorwiegend über die Resorption im Dünndarm und über die Ausscheidung reguliert. Ungefähr 15-40% des aufgenommenen Zinks werden im Jejunum und Ileum resorbiert. Die Ausscheidung erfolgt zu ca. 90% über die Galle und das Pankreassekret. Die Zinkhomöostase ist streng reguliert und wird über Zink-Importproteine (ZIP 1-14), Zink-Exportproteine (ZnT 1-10) und Zink-Speicherproteine aufrechterhalten. ZIPs fördern den Einstrom in die Zelle und aus Vesikeln (z.B. Endoplasmatisches Retikulum) heraus und erhöhen damit die intrazelluläre Zinkkonzentration. ZnTs dagegen erniedrigen die intrazelluläre Zinkkonzentration, indem sie den Ausstrom von Zink in den extrazellulären Raum bzw. die Speicherung in intrazelluläre Vesikel fördern. Metallothioneine (MT) binden das essentielle Spurenelement mit hoher Affinität, können es aber bei Bedarf auch wieder abgeben [3, 4]. Die intrazelluläre Zinkkonzentration beträgt wenige hundert Micromolar, wobei nur picomolare bis niedrige nanomolare Konzentrationen an intrazellulärem Zink „frei", d.h. an niedermolekularen Bestandteilen gebunden, vorliegen [5]. Diese „freien" Zink-Ionen sind sehr potente Signale innerhalb der Zelle und können gezielt Proteine und die damit verbundenen biochemischen Prozesse beeinflussen [6].

Redoxstatus der Zelle und die Rolle von Zink

Der Redoxstatus der Zelle hängt von der Anwesenheit reaktiver Sauerstoff-spezies (ROS) sowie von den zellulären Schutzmechanismen ab. ROS können endogen durch fehlerhaften Elektronentransfer innerhalb der mitochondrialen Atmungskette sowie durch die Aktivierung des Immun-systems generiert werden. Exogene Quellen sind ionisierende Strahlung und redoxaktive Substanzen. Im Gegenzug verfügt die Zelle über verschie-dene antioxidative Abwehrmechanismen, wie Antioxidantien (z.B. Ascor-binsäure), Glutathion (GSH) und detoxifizierende Enzyme (z.B. Superoxid-dismutase (SOD), Katalase). So werden Superoxidradikalanionen ($O_2^-\cdot$) durch die SOD in H_2O_2 umgewandelt, welches wiederum durch die Katalase und Glutathionperoxidase (GP) detoxifiziert wird. Ist die Detoxifizierung von H_2O_2 nicht ausreichend gewährleistet, kommt es durch Reaktionen mit Übergangsmetallionen (z.B. Fe^{2+}, Cu^{1+}) zur vermehrten Bildung von Hydroxylradikalen ($\cdot OH$), die neben Proteinen und Lipiden auch die DNA schädigen können. Die Reaktion von $\cdot OH$ kann u.a. zu DNA-Einzel- und Doppelstrangbrüchen und oxidativen DNA-Basenmodifikationen, wie z.B. 8-Oxoguanin (8-OxoG) führen [7, 8]. Die Entfernung dieser DNA-Läsionen durch die vorhandenen zellulären Reparaturmechanismen ist für die Integrität der DNA unerlässlich.

Zink ist redox-inert, da es ausschließlich in der Oxidationsstufe +2 vor-kommt. Da jedoch Schwefel-Liganden in Cysteinresten von Proteinen redox-aktiv sind, wird Zink in Zink-Cystein-Clustern redox-regulierbar. Je nach Redoxstatus der Zelle kann der Schwefel-Ligand oxidiert oder redu-ziert und dementsprechend Zink freigesetzt oder gebunden werden. Somit besteht eine Verbindung zwischen dem zellulären Redoxstatus und der zellulären Zinkverteilung [9].

Basenexzisions- und DNA-Einzelstrangbruchreparatur

Für die Entfernung kleiner DNA-Basenschäden und DNA-Strangbrüche sind die Basenexzisionsreparatur (BER) und die DNA-Einzelstrangbruch-reparatur (SSBR) verantwortlich.

Eine der häufigsten oxidativen DNA-Basenmodifikationen ist 8-OxoG. 8-OxoG ist potentiell mutagen, da es in replizierenden Zellen zu GC→TA Transversionen führt [10].

8-OxoG wird durch die 8-Oxoguanin-DNA-Glykosylase-1 (OGG1) erkannt, die die N-glykosidische Bindung zwischen geschädigter Base und Zucker-Phosphat-Rest hydrolytisch spaltet, wodurch eine apurinische (AP-) Stelle entsteht. Die OGG1 verfügt als bifunktionelle Glykosylase über eine AP-Lyase-Funktion und führt zum Einschneiden des DNA-Strangs auf der 3′Seite der Desoxyribose, woraus ein DNA-Einzelstrangbruch resultiert. Der verbleibende Desoxyribosephosphatrest wird durch die APE-1 entfernt. In die dadurch entstehende Lücke fügt die Polymerase ß (Pol ß) ein neues Nukleotid ein, und die Ligase IIIα (Lig IIIα) schließt die Lücke (Abbildung 1A) [11]. Bei der SSBR erfolgt die Schadenserkennung durch Poly(ADP-Ribose) Polymerasen (PARPs), von denen die PARP-1 die höchste katalytische Aktivität hat. PARP-1 ist ein im Zellkern lokalisiertes Zinkfingerprotein, welches an DNA-Strangbrüche bindet und dadurch aktiviert wird. Sie katalysiert den Transfer von ADP-Ribose-Einheiten vom Substrat NAD$^+$ u.a. auf sich selbst (Automodifikation) und auf Histone. Diese Poly(ADP-Ribosyl)ierung rekrutiert u.a. das DNA-Reparaturprotein XRCC1 zum Schaden. Ebenso wie bei der BER erfolgen Prozessierung und Ligation durch die Pol ß und Lig IIIα (Abbildung 1B) [12].

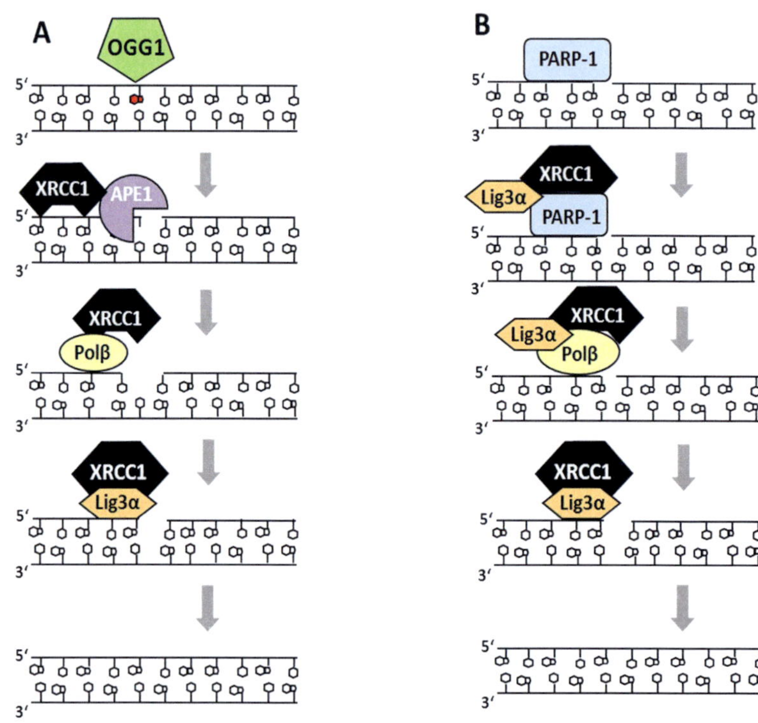

Abbildung 1: Schematischer Ablauf der BER (A) und der SSBR (B).

Ergebnisse und Diskussion

Das Spurenelement Zink ist essentiell für die Aufrechterhaltung der genomischen Stabilität. Eine intakte Zinkhomöostase ist die Voraussetzung für die fehlerfreie Funktion der biochemischen Prozesse. Überschüssiges „freies" intrazelluläres Zink kann über seine hohe Affinität zu SH-Gruppen die Funktion von Proteinen nachteilig verändern. Daher stellt sich die Frage, welche Auswirkungen bereits kleine Änderungen der intrazellulären „freien" Zinkkonzentration auf das Ausmaß oxidativer DNA-Schäden in der

Zelle haben, indem beispielsweise detoxifizierende Enzyme sowie DNA-Reparaturproteine beeinflusst werden.

Um zu untersuchen, welchen Einfluss Zink auf die genomische Stabilität hat, betrachteten wir sowohl die direkten als auch die indirekten Auswirkungen von Zink auf die DNA-Integrität. Eine direkt schädigende Wirkung, z.B. über die Induktion von DNA-Einzelstrangbrüchen, konnte nicht nachgewiesen werden. Zink scheint vielmehr einen indirekten Einfluss auf die genomische Stabilität über die Inhibierung von detoxifizierenden Enzymen und DNA-Reparaturprozessen auszuüben.

Einfluss von Zink auf den zellulären Redoxstatus

Wir untersuchten den Einfluss von Zink auf H_2O_2-generierte DNA-Einzelstrangbrüche mittels Alkalischer Entwindung (AU) [13]. Als Zellmodell dienten Epithelzellen des Schweinedünndarms (IPEC-J2) [14]. Die Ergebnisse zeigten eine synergistische Steigerung von H_2O_2-induzierten DNA-Einzelstrangbrüchen nach 1 h Vorinkubation mit $ZnSO_4$. Der zugrunde liegende Mechanismus dieser beobachteten Zunahme der H_2O_2-induzierten DNA-Einzelstrangbrüche muss im Weiteren noch geklärt werden. Möglicherweise beruht der Effekt auf der Inhibierung detoxifizierender Enzyme.

In der Literatur gibt es bereits erste Anhaltspunkte, dass Zink mit dem GSH/GSSG System interferiert, nicht aber die Katalase beeinflusst. Bishop et al. konnten nach 6 h Inkubation ab 150 µM Zinkacetat einen erhöhten GSSG-Gehalt in intakten Astrozyten aus neugeborenen Wistarratten nachweisen. Die Autoren vermuteten eine Inaktivierung der Glutathionreduktase (GR) über einen NADPH-abhängigen Mechanismus [15]. Weitere Untersuchungen zeigten, dass Zink-Pyrithion in den zellulären Redoxstatus eingreift, indem es den zellulären Gehalt an Nicht-Protein-Thiolen (z.B. GSH) im nanomolaren bis micromolaren Bereich erniedrigt [16]. Zudem wurde eine Hemmung der isolierten GP nachgewiesen [17].

Zusätzlich existieren in der Literatur Hinweise, dass erhöhte Zink-Konzentrationen an der Bildung von ROS beteiligt sind, indem Zink die Autoxidation von SH-Gruppen auf der Zellmembran [18] fördert, die

Thiolreduktase [19] inhibiert sowie die Aktivität der NADPH Oxidase [20] steigerte.

Einfluss von Zink auf die BER und SSBR

Neben der Beeinflussung des zellulären Redoxstatus ist die Effektivität der vorhandenen Reparaturmechanismen für die genomische Stabilität von entscheidender Bedeutung.

Dabei können DNA-Reparaturproteine mit ihren Cystein- und Histidin-seitenketten potentielle Angriffspunkte bei überschüssigem Zink sein. Im Mittelpunkt unserer Untersuchungen standen v.a. die OGG1 sowie die PARP-1.

Mittels eines nicht-radioaktiven Cleavage Assays [21] untersuchten wir den Einfluss von Zink auf die OGG1 in intakten Zellen und Proteinextrakten, gewonnen aus IPEC-J2 Zellen. Während Zink die OGG1-Aktivität in intakten Zellen nicht beeinflusste, führte die direkte Behandlung der Protein-extrakte mit $ZnSO_4$ zu einem signifikanten, konzentrationsabhängigen Aktivitätsverlust der OGG1 ab 75 µM. Mögliche Angriffspunkte innerhalb der OGG1 stellen die Aminosäurereste Cys253 und Cys255 dar, die nahe des aktiven Zentrums lokalisiert sind [22]. In der Literatur gab es bereits Hinweise, dass Zink mit der OGG1 interferiert, allerdings im isolierten System und mit der murinen OGG1 (mOGG1). Konzentrationen größer 100 µM $ZnCl_2$ inhibierten die Basenexzision sowie den Einschnitt in das Zucker-Phosphat-Rückgrat der DNA. Der Einschnitt in den DNA-Strang wurde bei 100 µM $ZnCl_2$ moderat aktiviert [23].

Da wir eine Hemmung der OGG1 im subzellulären System beobachteten, untersuchten wir im nächsten Schritt die Auswirkung von Zink auf die Reparatur oxidativer DNA-Basenmodifikationen. Im zellulären System zeigte sich eine deutlich verlangsamte Reparatur der durch sichtbares Licht induzierten DNA-Schäden in Anwesenheit von Zink bei nicht-zytotoxischen Konzentrationen im Vergleich zur Kontrolle.

Als nächstes untersuchten wir den Einfluss von Zink auf die PARP-1. Wir konnten zeigen, dass die Poly(ADP-Ribosyl)ierung in Kernextrakten aus IPEC-J2 Zellen signifikant durch eine Inkubation mit $ZnSO_4$ erniedrigt wurde. Diese Zink-vermittelte Inhibierung der PARsylierung konnte durch Metallchelatoren vollständig revertiert werden, wohingegegen Thiolreagenzien den Effekt nur partiell revertierten. Um zu untersuchen, ob die Inhibierung der PARsylierung auf eine direkte Interaktion der PARP-1 mit Zink zurückzuführen ist, quantifizierten wir die Aktivität der isolierten PARP-1 in Gegenwart von Zink. Hier zeigte sich eine konzentrationsabhängige Abnahme der PARsylierung.

Die PARP-1 besitzt außerhalb ihrer Zinkfingerstrukturen SH-Gruppen in der Automodifikationsdomäne (Cys429) sowie in der katalytischen Domäne (Cys845 und Cys908), die potentielle Zielstrukturen darstellen. Eine fast vollständige enzymatische Inaktivierung der PARP-1 resultierte aus der Mutagenese des Cys908 [24]. Die partielle Revertierung der Zink-vermittelten Hemmung durch Thiolreagenzien deutet auf die Wechselwirkung von Zink mit kritischen SH-Gruppen außerhalb der Zinkfinger-bindenden Strukturen der PARP-1 hin.

Zusammenfassung

Da Zink an einer Vielzahl biochemischer Prozesse innerhalb der Zelle beteiligt ist, stellt eine strikt regulierte Zinkhomöostase eine wichtige Voraussetzung für die Aufrechterhaltung der genomischen Stabilität dar.

Gezielt freigesetzte Zink-Ionen stellen in der Zelle ein sehr potentes Signal dar und wirken spezifisch auf Proteine und die damit verbundenen zellulären Prozesse. Eine erhöhte „freie" intrazelluläre Zink-Ionenkonzentration kann jedoch zu unspezifischen Reaktionen mit kritischen SH-Gruppen von Proteinen führen und adverse Folgen nach sich ziehen.

Wir konnten zeigen, dass Zink die DNA nicht direkt, aber indirekt schädigt, indem es in den zellulären Redoxstatus eingreift und DNA-Reparaturproteine hemmt. Zink erhöhte synergistisch H_2O_2-generierte DNA-Einzelstrangbrüche. Dieser Effekt steht womöglich in Zusammenhang mit einem durch Zink veränderten GSH/GSSG System. Die untersuchten DNA-Reparaturproteine, OGG1 und PARP-1, verfügen über kritische SH-Gruppen, die potentielle molekulare Zielstrukturen darstellen. Zink bewirkte einen Aktivitätsverlust beider Proteine im subzellulären System.

Ebenso konnten wir eine verlangsamte Reparatur gegenüber oxidativer DNA-Basenmodifikationen in Anwesenheit von Zink im zellulären System beobachten.

Die Ergebnisse machen deutlich, dass Zink, obwohl es in gut reguliertem Zustand unerlässlich für die Aufrechterhaltung der genomischen Stabilität ist, im Falle erhöhter Konzentration an „freien" Zink-Ionen zu oxidativem Stress und der Hemmung von DNA-Reparaturprozessen führen kann.

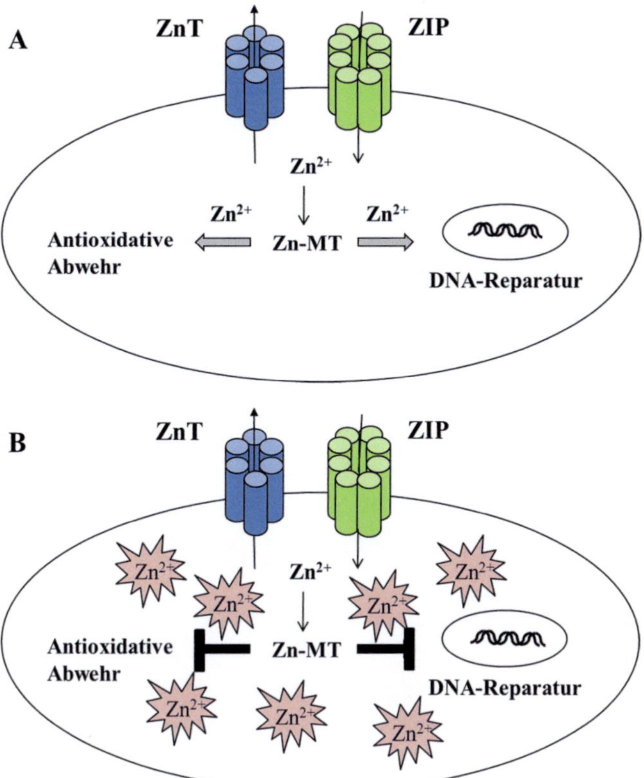

Abbildung 2: Einfluss von Zink auf die antioxidative Abwehr sowie der DNA-Reparatur bei intakter (A) und gestörter (B) Zinkhomöostase. ZnTs, ZIPs und MT sind an der Regulierung der Zinkhomöostase beteiligt. (A) Zink ist essentieller Bestandteil u.a. von detoxifizierenden Enzymen und DNA-Reparaturproteinen und damit an der Aufrechterhaltung der genomischen Stabilität beteiligt. (B) Überschüssiges intrazelluläres „freies" Zink kann über die Bindung an kritischen SH-Gruppen Proteine inaktivieren und damit zelluläre Prozesse beeinträchtigen.

Danksagung

Die Arbeit wurde durch die Deutsche Forschungsgemeinschaft (DFG, Sonderforschungsbereich 852/1) finanziell unterstützt.

Literatur

[1]   Beyersmann D, Haase H. Functions of zinc in signaling, proliferation and differentiation of mammalian cells. Biometals 2001;14: 331-41.

[2]   Dunkelberg H, Gebel T, Hartwig A. Vitamine und Spurenelemente Bedarf, Mangel, Hypervitaminosen und Nahrungsergänzung. Weinheim: Wiley-VCH Verlag; 2012. p. 293.

[3]   Krebs NF. Overview of Zinc Absorption and Excretion in the Human Gastrointestinal Tract. Journal of Nutrition 2000;130: 1374S-7.

[4]   Ryu MS, Lichten LA, Liuzzi JP, Cousins RL. Zinc Transporters ZnT1 (Slc30a1), Zip8 (Slc39a8), and Zip10 (Slc39a10) in Mouse Red Blood Cells Are Differentially Regulated during Erythroid Development and by Dietary Zinc Deficiency. Journal of Nutr ition 2008;138: 2076-83.

[5]   Krezel A, Maret W. Zinc-buffering capacity of a eukaryotic cell at physiological pZn. Journal of biological inorganic chemistry 2006;11: 1049-62.

[6]   Hao Q, Maret W. Imbalance between pro-oxidant and pro-antioxidant functions of zinc in disease. Journal of Alzheimers Disease 2005;8: 161-70.

[7]   Halliwell B, Gutteridge JMC. The Importance of Free-Radicals and Catalytic Metal-Ions in Human-Diseases. Molecular Aspects of Medicine 1985;8: 89-193.

[8]   Hartwig A. Metal interaction with redox regulation: An Integrating Concept in metal carcinogenesis? Free Radical Biology and Medicine 2013;55: 63-72.

[9]   Maret W. Zinc coordination environments in proteins as redox sensors and signal transducers. Antioxidants and Redox Signaling 2006;8: 1419-41.

[10]   Bruner SD, Norman DPG, Verdine GL. Structural basis for recognition and repair of the endogenous mutagen 8-oxoguanine in DNA. Nature 2000;403: 859-66.

[11]   Slupphaug G, Kavli B, Krokan HE. The interacting pathways for prevention and repair of oxidative DNA damage. Mutation research 2003;531: 231-51.

[12]   Caldecott KW. Mammalian DNA single-strand break repair: an X-ra(y)ted affair. BioEssays 2001;23: 447-55.

[13]   Hartwig A, Dally H, Schlepegrell R. Sensitive analysis of oxidative DNA damage in mammalian cells: use of the bacterial Fpg protein in combination with alkaline unwinding. Toxicology Letters 1996;88: 85-90.

[14]   Schierack P, Nordhoff M, Pollmann M, Weyrauch KD, Amasheh S, Lodemann U, Jores J, Tachu B, Kleta S, Blikslager A, Tedin K, Wieler LH. Characterization of a porcine intestinal epithelial cell line for in vitro studies of microbial pathogenesis in swine. Histochemistry and Cell Biology 2006;125: 293-305.

[15]   Bishop GM, Dringen R, Robinson SR. Zinc stimulates the production of toxic reactive oxygen species (ROS) and inhibits glutathione reductase in astrocytes. Free Radical Biology and Medicine 2007;42: 1222-30.

[16]   Oyama TM, Saito M, Yonezawa T, Okano Y, Oyama Y. Nanomolar concentrations of zinc pyrithione increase cell susceptibility to oxidative stress induced by hydrogen peroxide in rat thymocytes. Chemosphere 2012;87: 1316-22.

[17]   Splittgerber AG, Tappel AL. Inhibition of Glutathione-Peroxidase by Cadmium and Other Metal-Ions. Archives of Biochemistry and Biophysics 1979;197: 534-42.

[18]   May JM, Contoreggi CS. The Mechanism of the Insulin-Like Effects of Ionic Zinc. Journal of Biological Chemistry 1982;257: 4362-8.

[19]   Bragadin M, Scutari G, Folda A, Bindoli A, Rigobello MP. Effect of metal complexes on thioredoxin reductase and the regulation of mitochondrial permeability conditions. Annals of the New York Academy of Sciences 2004;1030: 348-54.

[20]   Noh KM, Koh JY. Induction and activation by zinc of NADPH oxidase in cultured cortical neurons and astrocytes. The Journal of neuroscience 2000;20: RC111.

[21]   Hamann I, Schwerdtle T, Hartwig A. Establishment of a non-radioactive cleavage assay to assess the DNA repair capacity towards oxidatively damaged DNA in subcellular and cellular systems and the impact of copper. Mutation research 2009;669: 122-30.

[22]   Bravard A, Vacher M, Gouget B, Coutant A, de Boisferon FH, Marsin S, Chevillard S, Radicella P. Redox regulation of human OGG1 activity in response to cellular oxidative stress. Molecular and Cellular Biology 2006;26: 7430-6.

[23]   Zharkov DO, Rosenquist TA. Inactivation of mammalian 8-oxoguanine-DNA glycosylase by cadmium(II): implications for cadmium genotoxicity. DNA Repair 2002;1: 661-70.

[24]   Rolli V, Ofarrell M, MenissierdeMurcia J, deMurcia G. Random mutagenesis of the poly(ADP-ribose) polymerase catalytic domain reveals amino acids involved in polymer branching. Biochemistry 1997;36: 12147-54.

[25]   Kim YJ, Kim D, Illuzzi JL, Delaplane S, Su D, Bernier M, et al. S-glutathionylation of cysteine 99 in the APE1 protein impairs abasic endo-nuclease activity. Journal of molecular biology 2011;414: 313-26.

A new manganese biomonitoring concept for Mn exposure assessment based on Mn speciation

B. Michalke[1], M. Lucio[1], B. Kanawati[1], A. Berthele[2]

[1]*Helmholtz Center Munich – German Research Center for Environmental Health, Research Unit Analytical BioGeo Chemistry, Ingolstädter Landstr. 1, 85764 Neuherberg, Germany*

[2]*Department of Neurology, Klinikum rechts der Isar, Technische Universität München, 81675 Munich, Germany*

Email:bernhard.michalke@helmholtz-muenchen.de

Keywords: manganese; speciation; serum; cerebrospinal fluid; biomarker

Running title: Mn-speciation for Mn-biomonitoring

Abstract

For humans Mn is an essential trace element, but at higher doses a neurotoxic metal. Chronic Mn exposure is affecting the central nervous system. Occupational Mn overexposure leads to an accumulation in the brain and has been shown to cause progressive, permanent, neurodegenerative damage with syndromes similar to idiopathic Parkinsonism. Mn is transported by an active mechanism across neural barriers (NB) finally into the brain, but to date modes of Mn neurotoxic action are poorly understood. This paper investigates the relevant Mn-carrier species which are responsible for a widely uncontrolled transport across NB. Mn speciation in paired serum/cerebrospinal fluid (CSF) samples was performed by size exclusion chromatography – inductively coupled plasma – dynamic reaction cell – mass spectrometry (SEC-ICP-DRC-MS) and capillary zone electrophoresis (CZE) coupled to ICP-DRC-MS in an 2D approach for clear identification. The Mn-species from the different sample types were interrelated, and correlation coefficients were calculated.

In serum, protein-bound Mn-species like Mn-transferrin (Mn-Tf) had important influence on total Mn in serum if Mn_{total} was less than 1.5 µg/L, but above 1.6 µg/L the serum-Mn_{total} concentration was correlated with increasing Mn-citrate (Mn-Cit) concentration. Correlations between serum Mn species and CSF showed that Mn_{total} from CSF was correlated to Mn-Cit from serum above 1.6 µg/L Mn_{total} in serum.

Statistical models discriminated the samples in two groups where CSF samples were either correlated to Mn_{total} and Mn-Cit (samples with serum Mn_{total} > 1.5 µg/L) or correlated to Mn-TF (samples with serum Mn_{total} < 1.5 µg/L).

We conclude that elevated $Mn\text{-}Cit_{serum}$ could be a valuable marker for increased total Mn in CSF (and brain). It could be used as a marker for elevated risk of Mn-dependent neurological disorders in occupational health.

Introduction

Mn is an essential trace element required for normal growth, development and cellular homeostasis [1]. Mn is a required cofactor of several enzymes necessary for neuronal and glial cell function, as well as enzymes involved in neurotransmitter synthesis and metabolism [2, 3, 4]. However, excessive Mn exposure can accumulate in the brain causing severe neurological disorder similar to Parkinson´s disease (PD) [5]. Studies from occupational health after Mn exposure showed a limitation of mental ability, proceeding to psychotic phase with reduction of psychomotoric coordination, damage of the extrapyramidal nervous system and finally leading to symptoms similar to Parkinson´s disease [6, 7, 8].

In a series of investigations we previously showed that different Mn-species are present in human serum and cerebrospinal fluid (CSF) [9, 10, 11, 12]. In serum mainly Mn-transferrin (Mn-Tf) was found, aside from small amounts of Mn-citrate. Contrary, in CSF mainly low molecular mass (LMM) Mn-species were found, where Mn-citrate was identified as the major Mn-species [11]. Nischwitz et al. investigated paired serum and CSF samples [12] showing that total Mn and Mn-Tf were downgraded across neural barriers (NB) but Mn-citrate was enriched. Also Yokel et al. [13] and Aschner et al. [14] found Mn-citrate to be facilitated transported across NB when performing perfusion experiments in rat brains.

Thus, Mn-speciation targeted to Mn-citrate in human serum could provide a Mn-biomarker for Mn-exposure. Up to now a validated biomarker for Mn exposure is not available: Total Mn determination in blood or serum often cannot distinguish between non-exposed and exposed persons [15], and renal Mn excretion being below 1% of total Mn excretion is consequently not suitable as biomarker [16]. Therefore, in this paper significant relationships between Mn-species from serum and CSF were elucidated. Identification of Mn-compounds was provided using an orthogonal speciation scheme based on analysis of the samples by SEC ICP-DRC-MS, followed from analysis of SEC characterized fractions by CE-ICP-DRC-MS. Pearson´s relationships between serum and CSF Mn species were calculated.

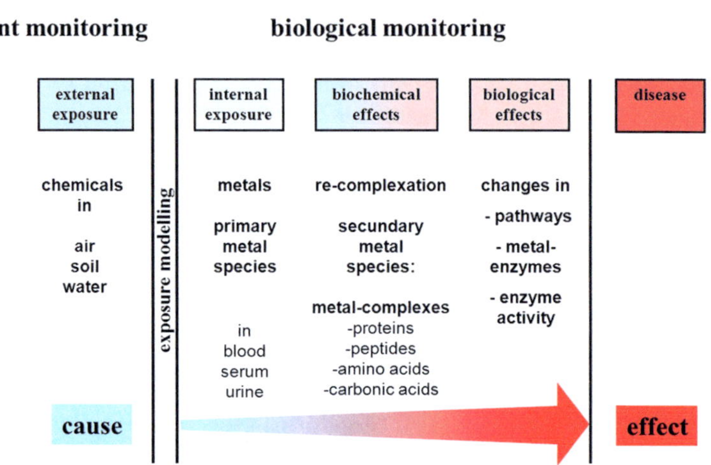

Figure 1: Scheme of environmental- and bio-monitoring: For avoiding exposure effects (diseases) monitoring should be as early as possible (left side of the scheme). In case of Mn, simple metal analysis in bodyfluids does not result in clear differentiation between exposed and non-exposed persons. Therefore, biomonitoring must include metabolized Mn species (secondary Mn species) and their specific pathways: Mn speciation may help to improve efficiency of differentiation of exposed from non-exposed persons (from Angerer, modified).

Experimental

Chemicals

From Sigma-Aldrich, Deisenhofen, Germany: Blue dextran: 2000 kDa, α-2-macroglobuline: 609 kDa, arginase: 107 kDa, transferrin: 78 kDa, albumin: 68,5 kDa, β-lactoglobuline: 36,5 kDa, lysozyme: 14,3 kDa, Metallothionein: 7 kDa, L-thyroxine: 777 Da, N,N´-bis(t-BOC)-l-cystine: 440,5 Da, citric acid: 192,5 Da, inorganic $MnCl_2$.

From Merck, Darmstadt, Germany: TRIS, HNO_3, HCl (suprapure), NH_4-acetate (NH_4Ac), acetic acid (HAc) and TSK SEC-gel (230 – 450 mesh). From Air-Liquide, Gröbenzell, Germany: $Argon_{liqu}$ and NH_3.

Standards, samples and sample preparation

Mn-protein stock standards were prepared by dissolving the powder of each compound in 10 mL TRIS-HCl buffer (10 mM, pH 7.4). Stock solution of $MnCl_2$ was prepared by dissolving 100 mg/L (related to Mn). Mn-citrate stock solution was prepared by mixing a solution of 1 g/L citrate with a $MnCl_2$ solution (5 mg/L) using a ratio of 4+1 (v:v), resulting in a Mn-citrate stock concentration of 1 mg Mn/L. Mn-albumin and Mn-transferrin stock solutions were prepared in analogy by mixing 1 g/L protein solution with 5 mg/L $MnCl_2$ solution (4+1, each), resulting in 1 mg Mn/L for each compound. Stock solutions were aliquoted and stored in the dark at -20°C. Working solutions were prepared daily by appropriate dilution with TRIS-HCl, 10 mM, pH 7.4.

Serum samples were collected from healthy persons as described in [12] and stored at 4°C in a refrigerator. CSF samples were taken from non Mn exposed persons at the Dept. of Neurology, Technical University of Munich, following standard clinical procedures. The CSF samples were aliquoted and stored at -20°C. Before analysis, the CSF samples were thawed slowly at 4 °C and analyzed immediately.

SEC Parameters

SEC was performed with a Knauer 1100 Smartline inert Series gradient HPLC system and two serially installed SEC columns: Biobasic 300 mesh column (300x8mm ID, Thermo, separation range 700 - 5 kDa) serially connected to a 550x10 mm ID Kronlab ECO column filled with TSK-HW40S (separation range 100 - 2000 Da). Tris-HAc (10 mM, pH 7.4) + 250 mM NH_4Ac was used as the eluent at a flow-rate of 0.75 mL/min.

For additional identification of Mn-species by CE-ICP-DRC-MS, the SEC column effluent was fractionated in 2.5 min intervals with a "Fraction Collector 100" (Pharmacia, Freiburg, Germany).

Capillary zone electrophoresis coupled to ICP-DRC-MS

A "Biofocus 3000" capillary electrophoresis system (BioRad, Munich, Germany) was used as the CE device at a temperature of 20°C. The capillary (120 cm x 50 µm ID, non-coated) was from CS-Chromatographie Service GmbH (Langerwehe, Germany).

TRIS (10 mM, adjusted to pH 8.0 with HAc) buffer was the background electrolyte (BE). For sample stacking a buffer sandwich was injected consisting of 160 nL Na-acetate as leading electrolyte (LE), 60 nL sample, and 235 nL terminating electrolyte (TE, = BE/H_2O (1:100)). The applied voltage was +28 kV. The hyphenation was described earlier [11].

ICP-MS parameters

A Nexlon ICP-MS, Perkin Elmer (Sciex, Toronto, Canada) with dynamic reaction cell capability was employed for on-line determination of ^{55}Mn in the graphic mode.

For SEC coupling the ICP-introduction was managed with a Meinhard nebulizer whilst for CE-coupling a Micromist nebulizer was installed. The RF power was 1250 W, the plasma gas was 15 L Ar/min. The nebulizer gas was optimized and finally set to 0.98 (Meinhard) or 1.02 (Micromist) mL Ar/min. The dwell time was 500 ms for SEC coupling but 100 ms for CE coupling. The dynamic reaction cell (DRC) was operated using NH_3 for the DRC gas, finally at a flow rate of 0.58 ml/min. DRC band pass (q) was 0.45.

Results and Discussion

SEC-separation of Mn-species in serum and CSF

Mn-proteins were separated from LMM Mn-compounds in serum and CSF samples. The main part of Mn in serum is associated with proteins, whilst in CSF the main Mn fraction is associated with LMM Mn-species, predominantly with the citrate fraction. This was confirming our previous findings [10, 11].

Mn species were additionally investigated with CE-ICP-DRC-MS in 2.5 min fractions from SEC separation (two-dimensional analysis). For example figure 2 demonstrates the Mn-electropherogram of the citrate SEC fraction from CSF. The comparison with standard solutions containing ά-2-macroglobulin, Mn-citrate and inorganic Mn, standard match is found for Mn-citrate but no match was seen for ά-2-macroglobulin. However, the latter was not suspected in this citrate SEC fraction.

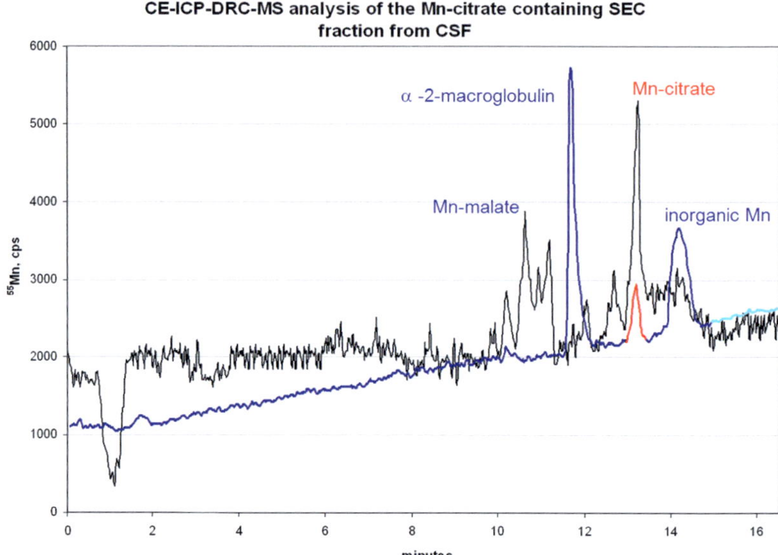

Figure 2: CE-ICP-DRC-MS analysis of the Mn-citrate SEC fraction from CSF and three standard Mn-species for comparison. Standard matches are observed for Mn-citrate and traces of inorganic Mn. The peak at 10.5 min relates to Mn-malate (standard match not shown).

Based on the above described 2D approach the Mn-peaks in SEC chromate-grams were assigned to the main Mn-species eluting at respective reten-tion times for quantification [17] and calculating Pearson´s relationships.

Pearson´s relationships

Mn-species concentrations from serum and CSF were interrelated and Pearson´s correlation coefficients were calculated. Only few relationships had reasonable r^2 values indicating correlation, which were dependent on the total Mn concentration in serum.

The total Mn concentration in serum was correlated to the serum Mn-Tf fraction when total Mn was < 1.5 µg/L. Above 1.5 µg/L correlation was excluded. Contrary, no correlation was seen for Mn-citrate vs. total Mn in serum below 1.5 µg/L, but a pronounced correlation was found above 1.5 µg/L total Mn_{serum}.

Therefore we conclude that above a total Mn_{serum} concentration of 1.5 µg/L Mn-citrate seems to be the most important Mn-species in serum, being responsible for the elevated Mn_{total} concentration. The findings from serum are also reflected in correlations between serum vs. CSF Mn species: for total Mn_{serum} concentrations below 1.5 µg/L, total Mn_{CSF} concentrations were correlated mainly with Mn-Tf from serum, but above 1.5 µg/L (total Mn_{serum}) the total Mn_{CSF} concentration was predominantly correlated to Mn-citrate in serum.

This result is specifically important because it indicates that Mn-citrate is the main Mn-species in CSF when total Mn_{CSF} or total Mn_{serum} concentration is elevated. Furthermore, elevated Mn-citrate$_{serum}$ and Mn-citrate$_{CSF}$ concentrations are directly correlated. This can be used for estimating the Mn-citrate$_{CSF}$ concentration from the Mn-citrate$_{serum}$ concentration. This fact could be used for biomonitoring purposes, as CSF usually is not simply available (only after strict neurological indication at the hospital) in contrast to serum.

Statistical evaluation

Two statistical techniques have been applied in order to retrieve useful information whether there is a differentiation between sample pairs.

First we applied an orthogonal partial least square discriminant analysis (OPLS/O2PLS-DA) dividing the dataset in two classes and studying the dependence of the variables Y1= total Mn, Y2 = Mn-Tf fraction (peak 45-47) and Y3 = Mn-citrate fraction (peak 55-57) and studying which are the responsible variables for the groups' separation. The goodness of the fit and the prediction were expressed by these two indexes respectively, $R^2(Y)$ was 0.85 and $Q^2(cum)$ = 0.54 (the maximum value for both is 1), as seen in figure 3.

The loading Biplot expresses this relation between the variables "total Mn in CSF", "Mn-TF in CSF", "Mn-citrate in CSF" and the observation in the dataset of paired samples. Here it is seen that "Mn-Tf" is more related to "class 1 members", i.e. members of the violet group which have total Mn_{serum} < 1.5 µg/L whilst "total Mn_{CSF}" and "Mn-citrate$_{CSF}$" are positively related to each other and with the "class 2 members", i.e. members of the orange group having total Mn_{serum} > 1.5 µg/L.

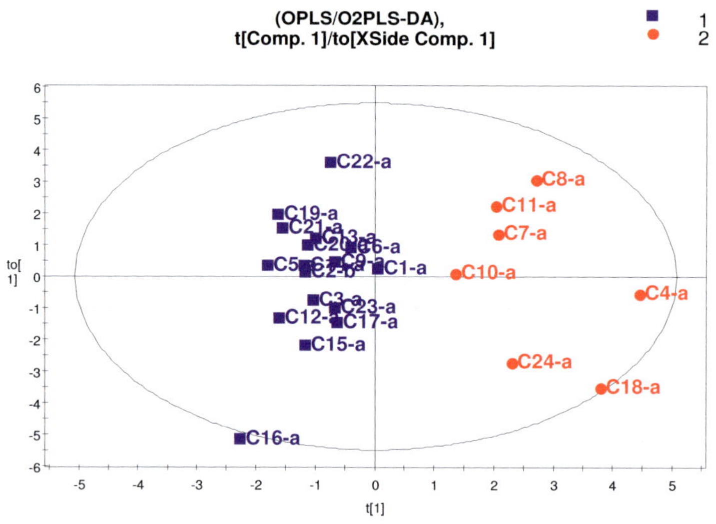

Figure 3: OPLS/O2PLS-DA model: It visualizes the two groups differences. Here it is shown that Mn-Tf is more related with the violet group having total Mn in serum < 1.5 µg/L whilst total Mn_{CSF} and Mn-citrate$_{CSF}$ are positively related to each other and with the orange group, having total Mn in serum > 1.5 µg/L.

We applied also canonical discriminant analysis. The class variable has been set up in the canonical discriminant analysis as dependent variable.

Summarized from both statistical evaluations we get a confirmation of Pearson´s relationships calculated above: When total Mn in serum is above 1.5 µg/L, then "total Mn in CSF" and "Mn-citrate in CSF" are higher and CSF samples out of these sample pairs are differentiated from CSF samples from sample pairs where total Mn_{serum} is below 1.5 µg/L.

Conclusion

A set of paired serum and CSF samples has been investigated with two 2D approaches for Mn speciation. The established SEC-ICP-DRC-MS method allowed smooth separation of important Mn species, whilst CE-ICP-DRC-MS provided improved species identification. The interrelation of Mn-species from both sample types revealed correlations from serum Mn-species and CSF Mn_{total} or CSF Mn-species. As the most important result we found CSF Mn_{total} or CSF Mn-Cit to be correlated with serum Mn-Cit when serum Mn_{total} was (slightly elevated) > 1.5 µg/L, but serum Mn_{total} and CSF Mn_{total} were more correlated to serum Mn-Tf when serum Mn_{total} was < 1.5 µg/L.

References

[1]   Erikson KM, Syversen T, Aschner J, Aschner M (2005) Interaction between excessive manganese-exposure and dietary iron-deficiency in neuro-degeneration. Toxicol Pharmacol 19: 415 – 421.

[2]   Erikson KM, Schner M (2003) Manganese neurotoxicity and glutamat-GABA interaction. Neurochem Int 43: 475 – 480.

[3]   Butterworth J (1986) Changes in nine enzyme markers for neurons, glia, and endothelial cells in agonal state and Huntington's disease caudate nucleus. J Neurochem 47: 583–587.

[4]   Hurley LS, Keen CL. In: Underwood E, Mertz W, editors. Manganese in trace elements in human health and animal nutrition. New York: Academic Press; 1987. p. 185–225.

[5]   Aschner M, Guilarte TR, Schneider JS, Zheng W (2007) Manganese: Recent advances in understanding its transport and neurotoxicity. Toxicol Appl Pharmacol 221: 131–47.

[6]   R.T. Ingersoll, E.B. Montgomery and H.V. Aposhian, NeuroToxicology, 20 (2-3) (1999) 467-476.

[7]   Cerosimo MG, Koller WC (2006) The diagnosis of manganese-induced Parkinsonism. Neurotoxicology, 27: 340-346.

[8]   Ordonez-Librado JL, Guiterrez-Valdez AL, Colin-Baranque L, Anaya-Martinez V, Diaz-Beech P, Avila-Costa MR (2008) Manganese inhalation as a Parkinson disease model. Neuroscience, 155: 7 – 11.

[9]   Michalke B (2004) Manganese speciation using capillary electrophoresis-ICP-mass spectrometry. J. Chrom A 1050: 69 – 76.

[10]   Quintana M, Klouda AD, Gondikas A, Ochsenkühn-Petropoulou M, Michalke B (2006) Analysis of Size Characterized Manganese Species from Liver Extracts using Capillary Zone Electrophoresis coupled to Inductively Coupled Plasma Mass Spectrometry (CZE-ICP-MS). Analytica Chimica Acta 573-574: 172-180.

[11]   Michalke B, Berthele A, Mistriotis P, Ochsenkühn-Petropoulou M, Halbach S, Manganese Speciation in Human Cerebrospinal Fluid using Capillary Zone Electrophoresis coupled to Inductively Coupled Plasma Mass Spectrometry, Electrophoresis, 2007, 28: 1380 – 1386.

[12]   Nischwitz V, Berthele A, Michalke B (2008) Speciation analysis of selected metals and determination of their total contents in paired serum and CSF samples: An approach to investigate the permeability of the human blood-CSF-barrier, Analytica Chimica Acta, 627/2: 258-269.

[13]   Yokel RA, Crossgrove JS (2004) Health Effects Institute Research Report 119: 1-84.

[14]   Yokel RA, Crossgrove RS (2004) Manganese Toxicokinetics at the Blood Brain Barrier. Health Effects Institute research Report 119: 1 – 84.

[15]   Smith D, Gwiazda R, Bowler R, Roels H, Park R, Taicher C, Lucchini R (2007) Biomarkers of Mn exposure in humans. Am J Ind Med.

[16]   Saric M (1986) Handbook on the Toxicity of Metals, Vol II, Specific Metals, New York, Elsevier Science Publishing Co: 354 – 386.

[17]   Michalke B, Lucio M, Kanawati B, Berthele A, Manganese speciation in paired serum and CSF samples using SEC-DRC-ICP-MS and CE-DRC-ICP-MS, Anal Bioanal Chemistry, Published on-line 2013, DO1: 10.1007/s00216-012-6662-7.

Toxizität von nano- und mikropartikulärem Kupferoxid: Zelluläre Aufnahme und der Einfluss auf die genomische Stabilität

Annetta Semisch, Julia Ohle, Barbara Witt, Andrea Hartwig

Karlsruher Institut für Technologie (KIT), Abteilung Lebensmittelchemie und Toxikologie, Adenauerring 20a, Geb. 50.41, 76133 Karlsruhe

Email: annetta.semisch@kit.edu, andrea.hartwig@kit.edu

Schlüsselwörter: Kupfer; DNA-Schäden; DNA-Reparatur; Bioverfügbarkeit; intrazelluläre Verteilung

Kurztitel: Toxizität von nano- und mikroskaligem Kupferoxid

Zusammenfassung

Das redoxaktive essentielle Spurenelement Kupfer wird über die zelluläre Kupferhomöostase streng reguliert. Dennoch kann Kupfer unter Überladungsbedingungen, z.B. nach Inhalation kupferhaltiger Stäube, adverse Effekte bewirken. Synthetisierte Partikel wie nano- oder mikroskaliges Kupferoxid (CuO NP, CuO MP) rückten in den letzten Jahren in den Fokus toxikologischer Untersuchungen, da sie als Beispiel der stärkeren Toxizität von nano- gegenüber mikroskaligen Partikeln identischer Zusammensetzung gelten. Allerdings sind vergleichende systematische Studien als Beitrag zur Nutzen-Risiko-Bewertung von CuO NP, CuO MP sowie der entsprechenden löslichen Verbindung (hier: $CuCl_2$) bisher rar. Zusätzlich zu den spezifischen Elementeigenschaften können partikelinhärente physiko-chemische Charakteristika, wie Oberfläche oder Löslichkeit, die biologischen Effekte beeinflussen. Ein vielversprechender Ansatz zur Aufklärung zugrunde liegender Mechanismen der Toxizität von Partikeln basiert auf der Evaluierung der Löslichkeit bzw. Bioverfügbarkeit in physiologisch relevanten Modellflüssigkeiten sowie im zellulären System. Im vorliegenden Beitrag konnte gezeigt werden, dass sich CuO NP in allen eingesetzten Medien stärker lösten als CuO MP. Auch im Zellkern überwog die Akkumulation von Kupferionen nach Inkubation mit CuO NP. Ferner induzierten lediglich CuO NP DNA-Strangbrüche, jedoch erhöhten alle drei Substanzen die Anzahl an H_2O_2-induzierten DNA-Strangbrüchen. Darüber hinaus hemmten sie das Ausmaß der Poly(ADP-ribosyl)ierung durch das an der DNA-Reparatur beteiligte Zinkfingerprotein Poly(ADP-ribose)-Polymerase-1 (PARP-1). Ergänzende Untersuchungen zur Zytotoxizität zeigten einen starken Rückgang der Koloniebildungsfähigkeit nach Inkubation mit CuO NP und $CuCl_2$, während CuO MP nicht zytotoxisch waren. Zusammengefasst können die beobachteten Effekte zum Teil, aber nicht vollständig, durch Unterschiede in der Bioverfügbarkeit oder den physikochemischen Eigenschaften der verwendeten Kupferverbindungen wie Oberfläche und Löslichkeit erklärt werden.

Einleitung

Kupfer und Kupferhomöostase

Kupfer ist ein essentielles Spurenelement und katalytischer Cofaktor in einer Reihe von Enzymen [1]. In Säugern und anderen Landlebewesen wird Kupfer in der Regel mit der Nahrung über den Verdauungstrakt aufgenommen [2], wobei Fisch, Leber, Getreide und Nüsse wichtige Kupferquellen darstellen [1]. Die Ausscheidung von überschüssigem Kupfer erfolgt vorrangig über die Galle. Sowohl die Aufnahme als auch die Exkretion werden durch die zelluläre Kupferhomöostase streng reguliert. Dabei erfolgt die Resorption des Kupfers ins Zellinnere über in der Zellmembran gelegene Transporter. Anschließend wird es an Glutathion oder Metallothioneine gebunden bzw. gespeichert. Glutathion überträgt Kupfer durch Protein-Protein-Wechselwirkungen an sogenannte Chaperone, die es ihrerseits an kupferabhängige Enzyme übertragen [3].

Kupfertoxizität

Trotz seiner essentiellen Funktionen ist das redoxaktive Kupfer, das vorrangig in den Oxidationsstufen +1 und +2 auftritt, potentiell toxisch. Insbesondere eine exzessive Kupferexposition, z.B. nach Inhalation kupferhaltiger Stäube, kann die Kupferhomöostase stören. In der Folge wird Kupfer vorwiegend an niedermolekulare Verbindungen gebunden, wodurch es in der Lage ist, Fenton-ähnliche Reaktionen und somit die Bildung von Hydroxyl-Radikalen zu katalysieren. Diese können zelluläre Komponenten wie Proteine, Nukleinsäuren oder Membranlipide schädigen [4, 5] sowie Redox-sensitive Signalwege aktivieren. Ferner könnte Kupfer direkt mit Redox-sensitiven Proteindomänen oder Aminosäuren reagieren und dadurch Redox-sensitive Strukturen wie die Zink-bindenden Domänen der PARP-1 zerstören [6].

Nanopartikel

Nanoobjekte sind definiert als Materialien, die mindestens eine Dimension (D) < 100 nm aufweisen. Dazu zählen Nanoplättchen (1D), Nanofasern (2D) und Nanopartikel (3D) [7]. Insbesondere Metalloxidpartikel wie synthetisierte nano- oder mikroskalige Kupferoxidpartikel (CuO NP, CuO MP) werden zunehmend als Katalysatoren oder antimikrobielle Zusätze verwendet [8-10].

Toxikologische Evaluierung von Nanomaterialien

Aufgrund von steigenden Produktionsmengen bei noch unvollständiger Aufklärung der Gesundheitsrisiken [11, 12] gibt es einen dringenden Bedarf an vergleichenden systematischen Studien, die zur Nutzen-Risiko-Bewertung des Einsatzes von Nanomaterialien beitragen. Die toxikologische Evaluierung von Nanomaterialien setzt dabei einen interdisziplinären Ansatz voraus. Im Gegensatz zu löslichen Metallverbindungen besitzen Nanopartikel physikochemische Eigenschaften, deren Kenntnis für die Interpretation biologischer Effekte und assoziierter Mechanismen wichtig ist. Dazu zählen sowohl physikalische Eigenschaften wie Größe,

Form oder spezifische Oberfläche als auch chemische Eigenschaften wie Löslichkeit oder elementare Zusammensetzung [13]. Zusätzlich zur Kenntnis der Toxizität der löslichen Komponente sollten auch Interaktionen zwischen Zellen und der Oberfläche von Partikeln berücksichtigt werden [14] Im Unterschied zu löslichen Metallionen werden Partikel über Endozytose in Zellen aufgenommen. Dabei bilden sich Endosomen (pH 6,2), die zu Lysosomen (pH 4,5) prozessiert werden, aus denen aufgrund des sauren pH-Wertes große Mengen an Metallionen intrazellulär freigesetzt werden können [14, 15]. Dieser Vorgang wurde auch mit dem Begriff des „trojan-horse-type mechanism" betitelt [16].

Toxizität von CuO NP und CuO MP

In der Literatur wurde die deutlich stärkere Zytotoxizität einer identischen Massendosis von CuO NP im Vergleich zu CuO MP mehrfach beschrieben [17-19]. Ferner wurde eine stärkere Induktion von DNA-Schäden durch CuO NP beobachtet [18, 20, 21]. Als potentiell beeinflussende Faktoren der Zyto- und Genotoxizität wurden die größere Oberfläche, eine bessere Löslichkeit und somit eine erhöhte Freisetzung reaktiver Kupfer-Ionen, Unterschiede in der Aufnahmerate wie auch direkte Partikel-Zell- oder Partikel-Organell-Kontakte diskutiert.

Bereits bekannt ist die Induktion von DNA-Strangbrüchen durch lösliche Kupferverbindungen [22-24]. Überdies hemmte $CuSO_4$ die Poly(ADP-ribosyl)ierung, welche vorrangig durch das Zink-bindende Protein PARP-1 katalysiert wird [24]. PARP-1 ist ein an den prozessierenden Schritten der Basenexzisionreparatur (BER) und den initialen Schritten der Einzelstrangbruchreparatur (SSBR) beteiligtes Enzym [25]. Es verfügt über drei Zink-bindende Strukturen [26], die für die DNA-Bindung essentiell sind und daher empfindliche Angriffspunkte für zweiwertige Metallionen darstellen.

Ein aussichtsreicher Ansatz zur vergleichenden Aufklärung zugrundeliegender Mechanismen der Toxizität von CuO NP, CuO MP sowie $CuCl_2$ basiert auf der Evaluierung der Löslichkeit und somit der Bioverfügbarkeit der genannten Verbindungen in physiologisch relevanten Modellflüssigkeiten sowie im zellulären System. Wir untersuchten zyto- und genotoxische Effekte mit für Nanomaterialien geeigneten Methoden wie der

Koloniebildungsfähigkeit, der Alkalischen Entwindung und der Immunfluoreszenz. Anschließend stellte sich die Frage, ob die beobachteten Unterschiede in der Toxizität durch die Bioverfügbarkeit von CuO NP, CuO MP oder $CuCl_2$ erklärt werden können.

Ergebnisse und Diskussion

Anhand elektronenmikroskopischer Aufnahmen, Dynamischer Lichtstreuung (DLS) und der Brunauer-Emmett-Teller (BET) Methode wurde eine vielfach geringere durchschnittliche Partikelgröße und daraus folgend eine deutlich größere Oberfläche der CuO NP im Vergleich zu CuO MP ermittelt. Sowohl CuO NP als auch CuO MP waren von identischer chemischer Zusammensetzung und Reinheit.

Neben den physikochemischen Eigenschaften der Partikel wie Größe, Oberfläche und chemische Zusammensetzung kann auch das Inkubationsmedium die Löslichkeit beeinflussen. Entscheidend sind hierbei der pH-Wert sowie der Zusatz von Salzen, Aminosäuren, Proteinen oder komplexierenden Agentien. In der vorliegenden Studie wurde die Löslichkeit von CuO NP oder CuO MP in wässrigen Suspensionslösungen einfacher bis komplexer Zusammensetzung und bei neutralem oder saurem pH-Wert untersucht. Nach erfolgreicher Inkubation wurden die Partikelsuspensionen mehrfach zentrifugiert und der Kupfergehalt der Überstände spektrometrisch bestimmt. In allen Suspensionslösungen und zu jedem Zeitpunkt wurde eine stärkere Löslichkeit von CuO NP im Vergleich zu CuO MP festgestellt. Der stärkste Löslichkeitsunterschied zeigte sich bei saurem pH-Wert sowie im Zellkulturmedium. Auch ein Einfluss von fötalem Kälberserum auf die Löslichkeit wurde beobachtet. Aufbauend auf den gemessenen Löslichkeitsdifferenzen untersuchten wir die Bioverfügbarkeit und die intrazelluläre Verteilung von CuO NP, CuO MP oder $CuCl_2$ im zellulären System. Dazu ermittelten wir den Kupfergehalt von Proteinfraktionen des Zyto- bzw. Kernplasmas von A549-Zellen nach Inkubation mit den kupferhaltigen Substanzen. Die Ergebnisse zeigten für den Zellkern eine stärkere Kupferakkumulation durch CuO NP verglichen mit CuO MP oder $CuCl_2$. Im Anschluss interessierte uns, inwieweit die Unterschiede in der Löslichkeit und der Bioverfügbarkeit die Zyto- und Genotoxizität beeinflussten. Im

Hinblick auf die Zytotoxizität verursachte $CuCl_2$ eine stark ausgeprägte konzentrationsabhängige Abnahme der Koloniebildungsfähigkeit in den humanen Krebszelllinien A549 und HeLa S3. Unsere Ergebnisse bestätigen Untersuchungen zur Zytotoxizität von $CuSO_4$ in HeLa S3-Zellen, für die eine zytotoxische Wirkung ab 300 µM ermittelt wurde [24]. Im Gegensatz zu den CuO MP verringerten auch die CuO NP die Koloniebildungsfähigkeit stark. In der Literatur wurde wiederholt die deutlich stärkere Zytotoxizität einer identischen Massendosis von CuO NP im Vergleich zu CuO MP beschrieben [17-19]. Außer den kupferhaltigen Substanzen kann allerdings auch die verwendete Testmethode die Ergebnisse von Toxizitätsuntersuchungen beeinflussen. Die Anwendung kolorimetrischer oder enzymatischer Methoden bei der Untersuchung von Nanomaterialien wurde bereits in Verbindung mit fehlerbehafteten Resultaten gebracht [17, 27, 28]. Im Gegensatz dazu eignet sich die im vorliegenden Beitrag gewählte Methode der Koloniebildungsfähigkeit für die Untersuchung von Nanomaterialien, da eine Interaktion von Partikeln mit kolorimetrischen oder enzymatischen Testreagenzien ausgeschlossen ist. Aufbauend auf Vorarbeiten mit $CuSO_4$ [24] quantifizierten wir mittels der Methode der Alkalischen Entwindung die Induktion von DNA-Strangbrüchen in HeLa S3-Zellen nach Inkubation mit CuO NP, CuO MP oder $CuCl_2$ sowie erstmals die Anzahl an H_2O_2-induzierten DNA-Strangbrüchen nach einer Vorinkubation mit den kupferhaltigen Substanzen. Ohne H_2O_2-Behandlung zeigte allein die Behandlung mit CuO NP eine signifikante Induktion an DNA-Strangbrüchen. In Kombination mit H_2O_2 wurden unabhängig von der kupferhaltigen Substanz DNA-Strangbrüche festgestellt. Dies bestätigt Ergebnisse aus Untersuchungen mit dem sogenannten Comet Assay, nach denen CuO NP konzentrationsabhängig mehr DNA-Schäden induzierten als CuO MP [18, 20, 21]. Ferner wurde bereits früher gezeigt, dass lösliche Kupferverbindungen DNA-Strangbrüche auslösen können [22-24]. Die erhöhte Anzahl an H_2O_2-induzierten DNA-Einzelstrangbrüchen könnte auf eine Reaktion des H_2O_2 mit Kupferionen zurückzuführen sein. Cu(I) ist durch Fenton-ähnliche Reaktionen in der Lage, Hydroxyl-Radikale zu bilden, die in der Folge durch Reaktionen mit DNA-Basen oder Zuckerresten DNA-Strangbrüche verursachen [5]. Zusätzlich können Kupfer-Ionen direkt mit den Phosphatresten des Ribosephosphat-Rückgrats oder den DNA-Basen interagieren, wodurch sich die Wasserstoffbrückenbindungen zwischen den DNA-Basenpaaren sowie die DNA-Struktur verändern [29, 30]. Als potentiellen molekularen

Angriffspunkt der Kupfertoxizität untersuchten wir den Einfluss von CuO NP, CuO MP oder $CuCl_2$ auf das Ausmaß der durch das Zink-haltige Enzym PARP-1 katalysierten Poly(ADP-ribosyl)ierung in HeLa S3-Zellen. Unter Verwendung einer immunfluorimetrischen Methode beobachteten wir eine konzentrationsabhängige Verringerung an H_2O_2-induzierter Poly(ADP-ribosyl)ierung nach Inkubation mit CuO NP, CuO MP oder $CuCl_2$. Im untersuchten Konzentrationsbereich war die Poly(ADP-ribosyl)ierung partiell gehemmt; in der Literatur wurde bereits diskutiert, dass auch eine teilweise inhibierte Poly(ADP-ribosyl)ierung zu genomischer Instabilität beitragen könnte [31].

Ein möglicher Grund für das verringerte Ausmaß an Poly(ADP-ribosyl)ierung könnte eine verminderte Anzahl an H_2O_2-induzierten DNA-Strangbrüchen sein. Dies konnte jedoch anhand der oben beschriebenen Ergebnisse ausgeschlossen werden, da alle Substanzen die Anzahl an H_2O_2-induzierten DNA-Strangbrüchen erhöhten. Da Kupfer als redoxaktives Metall in der Lage ist, mit Redox-sensitiven Strukturen wie Sulfhydryl-Gruppen in Proteinen oder Aminosäuren zu reagieren, könnte es die Zink-bindenden Domänen der PARP-1 und somit die Enzymaktivität beeinflussen.

Zusammenfassend konnte gezeigt werden, dass die Löslichkeit der CuO NP in wässrigen Suspensionslösungen und die Bioverfügbarkeit in der Kernproteinfraktion von A549-Zellen im Vergleich zu CuO MP überwog. Neben einer ausgeprägten Zytotoxizität induzierten CuO NP DNA-Strangbrüche und hemmten die Poly(ADP-ribosyl)ierung in HeLa S3 Zellen. Im Hinblick auf die Poly(ADP-ribosyl)ierung trat die beobachtete Hemmung ebenso stark nach der Inkubation mit CuO MP und $CuCl_2$ auf, obwohl alle drei Substanzen die Anzahl an H_2O_2-induzierten DNA Strangbrüchen erhöhten. Bezüglich der Zytotoxizität verminderte CuO MP die Koloniebildungsfähigkeit nicht, wohingegen $CuCl_2$ sie ähnlich stark wie CuO NP verringerte, was auf eine Relevanz der Substanzlöslichkeit hinweist. Im Gegensatz dazu konnte keine eindeutige Korrelation zwischen der zellulären Bioverfügbarkeit bzw. der intrazellulären Verteilung an Kupfer und der Toxizität beobachtet werden. Möglicherweise tragen direkte Wechselwirkungen der Partikel mit zellulären Membranen oder Unterschiede in der Generierung von Hydroxyl-Radikalen zu der nur mit CuO NP beobachteten Induktion von DNA-Strangbrüchen bei (Tabelle 1 und Abbildung 1). Abschließend bleibt festzuhalten, dass weitere Untersuchungen notwendig sind, um die Toxizitätsunterschiede mit einer möglichen Aktivierung Redox-sensitiver Signalwege in Zusammenhang zu bringen und deren Einfluss auf die genomische Stabilität abzuschätzen.

Tabelle 1: Vergleich der Toxizität, Genotoxizität und Bioverfügbarkeit von CuO NP, CuO MP und $CuCl_2$.

Endpunkt	CuO NP	CuO MP	$CuCl_2$
Zytotoxizität	+ + +	-	+ + +
Induktion von DNA-Strangbrüchen	+ + +	-	+
Verstärkung H_2O_2-induzierter DNA-Strangbrüche	+ + +	+ + +	+ + +
Hemmung der Poly(ADP-ribosyl)ierung	+ + +	+ + +	+ + +
Bioverfügbarkeit Zellkern	+ + +	+ +	+
Bioverfügbarkeit Zytosol	+ +	+ + +	+ +

-: kein Effekt; +: schwacher Effekt; ++: mittlerer Effekt; +++: starker Effekt

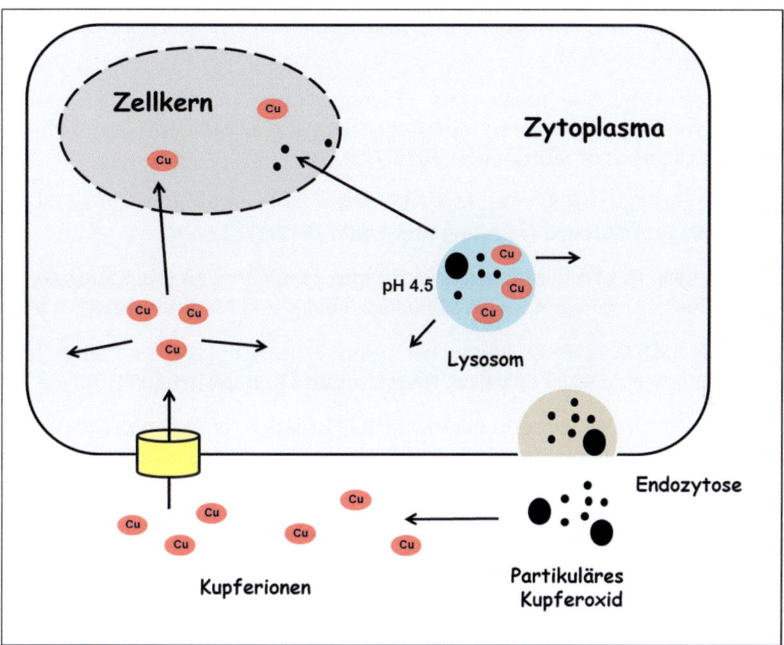

Abbildung 1: Aufnahme von löslichen Kupferionen und partikulärem Kupferoxid in eine Zelle. Extrazellulär gelöste Kupferionen werden über in der Zellmembran gelegene spezifische Transporter in die Zelle aufgenommen. Der ungelöste Anteil partikulären Kupferoxids kann endozytiert werden. Das entstehende Endosom wird durch Fusion mit Lysosomen angesäuert, wodurch sich Kupferionen aus den Partikeln lösen. Dadurch können im Zytoplasma und im Zellkern hohe Kupferionen-konzentrationen erreicht werden.

Literatur

[1]   Zietz B. Kupfer. In: Dunkelberg, H., Gebel, T., Hartwig, A. (Hrsg.). Handbuch der Lebensmitteltoxikologie 2007:Wiley-VCH Verlag GmbH Co. KgaA, Weinheim, Deutschland, pp 2163-202.

[2]   Linder MC. Copper and genomic stability in mammals. Mutation Research/Fundamental and Molecular Mechanisms of Mutagenesis 2001;475: 141-52.

[3]   Festa RA, Thiele DJ. Copper: An essential metal in biology. Current Biology 2011;21: R877-R83.

[4]   Linder MC. The relationship of copper to DNA damage and damage prevention in humans. Mutation Research/Fundamental and Molecular Mechanisms of Mutagenesis 2012;733: 83-91.

[5]   Jomova K, Baros S, Valko M. Redox active metal-induced oxidative stress in biological systems. Transition Met Chem 2012;37: 127-34.

[6]   Hartwig A. Metal interaction with redox regulation: an integrating concept in metal carcinogenesis? Free Radical Biology and Medicine 2013;55: 63-72.

[7]   DIN ISO/TS 27687 Nanotechnologien – Terminologie und Begriffe für Nanoobjekte – Nanopartikel, Nanofaser und Nanoplättchen 2010.

[8]   Ben-Moshe T, Dror I, Berkowitz B. Oxidation of organic pollutants in aqueous solutions by nanosized copper oxide catalysts. Applied Catalysis B: Environmental 2009;85: 207-11.

[9]   Gabbay J, Borkow G, Mishal J, Magen E, Zatcoff R, Shemer-Avni Y. Copper Oxide Impregnated Textiles with Potent Biocidal Activities. Journal of Industrial Textiles 2006;35: 323-35.

[10]   Reddy VP, Kumar AV, Swapna K, Rao KR. Copper Oxide Nanoparticle-Catalyzed Coupling of Diaryl Diselenide with Aryl Halides under Ligand-Free Conditions. Organic Letters 2009;11: 951-3.

[11]   Choi J-Y, Ramachandran G, Kandlikar M. The Impact of Toxicity Testing Costs on Nanomaterial Regulation. Environmental Science & Technology 2009;43: 3030-4.

[12]   Grieger KD, Baun A, Owen R. Redefining risk research priorities for nano-materials. J Nanopart Res 2010;12: 383-92.

[13]   Sayes CM, Warheit DB. Characterization of nanomaterials for toxicity assessment. Wiley Interdisciplinary Reviews: Nanomedicine and Nano-biotechnology 2009;1: 660-70.

[14]   Canton I, Battaglia G. Endocytosis at the nanoscale. Chemical Society reviews 2012;41: 2718-39.

[15]   Oller AR, Costa M, Oberdörster G. Carcinogenicity Assessment of Selected Nickel Compounds. Toxicology and Applied Pharmacology 1997;143: 152-66.

[16]   Limbach LK, Wick P, Manser P, Grass RN, Bruinink A, Stark WJ. Exposure of Engineered Nanoparticles to Human Lung Epithelial Cells: Influence of Chemical Composition and Catalytic Activity on Oxidative Stress. Environmental Science & Technology 2007;41: 4158-63.

[17]   Berntsen P, Park C, Rothen-Rutishauser B, Tsuda A, Sager T, Molina R, Donaghey T, Alencar A, Kasahara D, Ericsson T, Millet E, Swenson J, Tschumperlin D, Butler J, Brain J, Fredberg J, Gehr P, Zhou E. Biomechanical effects of environmental and engineered particles on human airway smooth muscle cells. J R Soc Interface 2010;7 Suppl 3: S331-40.

[18]   Midander K, Cronholm P, Karlsson HL, Elihn K, Möller L, Leygraf C, Wallinder IO. Surface Characteristics, Copper Release, and Toxicity of Nano- and Micrometer-Sized Copper and Copper(II) Oxide Particles: A Cross-Disciplinary Study. Small 2009;5: 389-99.

[19]   Karlsson H, Gustafsson J, Cronholm P, Möller L. Size-dependent toxicity of metal oxide particles--a comparison between nano- and micrometer size. Toxicol Lett 2009;188: 112-8.

[20]   Karlsson HL, Cronholm P, Gustafsson J, Möller L. Copper Oxide Nanoparticles Are Highly Toxic: A Comparison between Metal Oxide Nanoparticles and Carbon Nanotubes. Chem Res Toxicol 2008;21: 1726-32.

[21]   Wang Z, Li N, Zhao J, White JC, Qu P, Xing B. CuO Nanoparticle Interaction with Human Epithelial Cells: Cellular Uptake, Location, Export, and Genotoxicity. Chemical Research in Toxicology 2012;25: 1512-21.

[22]   Saleha Banu B, Ishaq M, Danadevi K, Padmavathi P, Ahuja YR. DNA damage in leukocytes of mice treated with copper sulfate. Food and Chemical Toxicology 2004;42: 1931-6.

[23]   Sideris EG, Charalambous SC, Tsolomyty A, Katsaros N. Mutagenesis; carcinogenesis and the metal elements--DNA interaction. Progress in clinical and biological research 1988;259: 13-25.

[24]   Schwerdtle T, Hamann I, Jahnke G, Walter I, Richter C, Parsons JL, Dianov GL, Hartwig A. Impact of copper on the induction and repair of oxidative DNA damage, poly(ADP-ribosyl)ation and PARP-1 activity. Mol Nutr Food Res 2007;51: 201-10.

[25]   Krishnakumar R, Kraus WL. The PARP side of the nucleus: molecular actions, physiological outcomes, and clinical targets. Molecular cell 2010;39: 8-24.

[26]   Langelier M-F, Servent KM, Rogers EE, Pascal JM. A Third Zinc-binding Domain of Human Poly(ADP-ribose) Polymerase-1 Coordinates DNA-dependent Enzyme Activation. Journal of Biological Chemistry 2008;283: 4105-14.

[27]   Casey A, Herzog E, Davoren M, Lyng FM, Byrne HJ, Chambers G. Spectroscopic analysis confirms the interactions between single walled carbon nanotubes and various dyes commonly used to assess cytotoxicity. Carbon 2007;45: 1425-32.

[28]   Wörle-Knirsch JM, Pulskamp K, Krug HF. Oops They Did It Again! Carbon Nanotubes Hoax Scientists in Viability Assays. Nano Letters 2006;6: 1261-8.

[29]   Eichhorn GL, Shin YA. Interaction of metal ions with polynucleotides and related compounds. XII. The relative effect of various metal ions on DNA helicity. Journal of the American Chemical Society 1968;90: 7323-8.

[30]   Duguid J, Bloomfield VA, Benevides J, Thomas GJ. Raman spectroscopy of DNA-metal complexes. I. Interactions and conformational effects of the divalent cations: Mg, Ca, Sr, Ba, Mn, Co, Ni, Cu, Pd, and Cd. Biophysical journal 1993;65: 1916-28.

[31]   Hartwig A, Pelzer A, Asmuss M, Bürkle A. Very low concentrations of arsenite suppress poly(ADP-ribosyl)ation in mammalian cells. International Journal of Cancer 2003;104: 1-6.

Der Einfluss von Antimon auf die Reparatur von DNA-Schäden

Barbara Koch, Claudia Großkopf, Sabine Henn, Sofia Leinich und Andrea Hartwig

Karlsruher Institut für Technologie (KIT), Lebensmittelchemie und Toxikologie, Adenauerring 20a, 76131 Karlsruhe, Germany

Email: Barbara.Koch@kit.edu, Andrea.Hartwig@kit.edu

Schlüsselwörter: Antimon; Nukleotid-Exzisions-Reparatur; Nicht-Homologes End-Joining; Homologe Rekombination; Zink-bindende Strukturen

Kurztitel: Antimon und DNA-Reparatur

Einleitung

Die DNA eines Organismus ist ständig der Gefahr ausgesetzt, durch exogene oder endogene Faktoren geschädigt zu werden. Um die Stabilität der genetischen Information dennoch zu gewährleisten, haben sich im Laufe der Evolution effiziente Reparaturwege entwickelt, die Schäden an der DNA beseitigen. Während der letzten Jahre wurde sowohl für die Nukleotid-Exzisions-Reparatur (NER), die Basen-Exzisions-Reparatur (BER), als auch vereinzelt für die DNA-Doppelstrangbruch-Reparatur (DNA-DSB-Reparatur) eine Beeinflussung durch kanzerogene und/oder toxische Metallverbindungen gezeigt. So sind Cadmium, Cobalt oder Arsen unter anderem dafür bekannt, dass sie die Reparatur unterschiedlicher DNA-Läsionen beeinträchtigen [1, 2]. Ein Halbmetall, das bisher weniger gut untersucht wurde, ist Antimon (Sb). Es wird mit steigender Tendenz u.a. bei der Plastikherstellung, in Bremsbelägen sowie als Flammschutzmittel eingesetzt. Somit erhöht sich die Exposition des Menschen gegenüber diesem Halbmetall ständig. In Tierversuchen konnte bereits eine kanzerogene Wirkung gezeigt werden. Zugrunde liegen zwei Inhalationsstudien mit Ratten, die nach Exposition gegenüber Antimontrioxid vermehrt Lungentumore aufwiesen [3, 4]. Basierend auf diesen Daten wurde Antimontrioxid als möglicherweise humankanzerogen (Gruppe 2B) durch die IARC [5] und Antimon und seine anorganischen Verbindungen als kanzerogen im Tierversuch (Gruppe 2) durch die deutsche MAK-Kommission [6] eingestuft.

Antimon teilt einige toxikologische Eigenschaften mit Arsen, welches ein Humankanzerogen ist und für das bereits umfangreiche Untersuchungen vorliegen. Wie bei Arsen steht auch die Toxizität von Antimon im Zusammenhang mit seiner jeweiligen Oxidationsstufe. Dreiwertige Verbindungen zeigen in der Regel eine höhere Toxizität als fünfwertige und führen zu DNA-Schäden, was wiederum bei fünfwertigen Verbindungen nicht der Fall ist. Da Arsen und Antimon nicht mutagen sind, stellt sich die Frage, ob die dreiwertigen Verbindungen direkt mit der DNA interagieren, oder aber ihre genotoxischen Eigenschaften eher indirekt, z. B. über eine Inhibierung von DNA-Reparaturprozessen vermitteln.

Mögliche molekulare Strukturen, die beeinträchtigt werden können, in vielen Proteinen vorkommen und die eine Rolle bei der Aufrechterhaltung der genomischen Integrität spielen, sind sogenannte Zinkfinger-Motive. Diese Strukturen werden durch die Koordination von Zink durch vier Cystein- oder Histidin-Seitenketten gebildet und vermitteln Protein-Protein- oder Protein-DNA-Interaktionen. Die hohe Affinität von toxischen Metallionen gegenüber Thiolgruppen und Imidazolen lässt diese jedoch potentiell mit zinkbindenden Motiven interagieren und beeinflusst Funktion und Konformation von Peptiden und Proteinen [7]. Für Arsen liegen zu diesem Aspekt viele Studien vor, für Antimon ist die Datenlage sehr begrenzt. Da Arsen und Antimon ähnliche chemische Eigenschaften besitzen, stellt sich die Frage, ob Antimon, ebenso wie Arsen, mit Proteinen der DNA-Reparatur interagiert und so in DNA-Reparaturprozesse eingreifen kann [8, 9].

Die Nukleotid-Exzisions-Reparatur und ihre Beeinflussung durch Antimon

Für die Nukleotid-Exzisionsreparatur (NER) konnte eine Beeinflussung durch Antimon in unserer Arbeitsgruppe bereits experimentell nachgewiesen werden [10]. Die NER beseitigt vor allem sperrige, helixverzerrende DNA-Läsionen, welche beispielsweise durch UVC-Strahlung in Form von Cyclobutan-Pyrimidin-Dimeren (CPD) und 6-4-Photoprodukten (6-4 PP) oder Benzo[α]pyren in der DNA entstehen [11]. Die Reparatur dieser Schäden umfasst mehrere Schritte – von der Erkennung des Schadens über die Entfernung des defekten DNA-Abschnitts und anschließender Polymerisation bis zur Ligation des neu gebildeten DNA-Stranges. An diesem Prozess sind mehr als 30 verschiedene Proteine beteiligt, die sich in definierter Reihenfolge an die Läsion anlagern und wieder abdissoziieren. Von besonderer Bedeutung sind die Proteine Xeroderma Pigmentosum (XP) A-G, welche durch die Charakterisierung des Krankheitsbildsvon XP identifiziert wurden. XP ist ein autosomalrezessiv vererbter Defekt in der NER, bei dem es Patienten aufgrund von Mutationen in unterschiedlichen XP-Proteinen nicht möglich ist, z. B. UV-induzierte DNA-Schäden zu reparieren.

Zur Untersuchung der NER ist die Bestrahlung von Zellen mit UVC ein gängiges Modell. Die entstandenen Schäden und deren Reparaturverlauf können unter anderem durch Immunfluoreszenz untersucht werden. Hierzu werden die Zellen bestrahlt und nach verschiedenen Reparaturzeitpunkten mit einer Formaldehyd-Lösung fixiert. Durch die Inkubation mit spezifischen, primären Antikörpern, die direkt gegen CPD und 6-4 PP gerichtet sind, und Fluoreszenz-gekoppelten sekundären Antikörpern können die Schäden mittels Fluoreszenz-Mikroskopie sichtbar gemacht und quantifiziert werden. Dieses Testsystem wurde in einer unserer Studien verwendet, um die Reparatur der durch UVC-Strahlung verursachten DNA-Läsionen in Gegenwart der dreiwertigen Antimonverbindung $SbCl_3$ zu quantifizieren [10]. Interessanterweise wurde die Reparatur der 6-4 PP nicht beeinträchtigt, jedoch die Reparatur der CPD. So blieben 24 h nach Bestrahlung mit 10 J/m^2 UVC in A549 Zellen, die 2 h vor der Bestrahlung mit steigenden Konzentrationen an $SbCl_3$ behandelt wurden, signifikant mehr CPD unrepariert als in unbehandelten Zellen. Die Inhibierung der Reparatur betrug bis zu 50% der Kontrolle. Eine erhöhte Anzahl nicht reparierter CPD-Läsionen konnte bereits bei nicht-zytotoxischen $SbCl_3$-Konzentrationen von 250 µM nachgewiesen werden.

Die spezifische Wirkung von Antimon auf CPD kann mit einem Unterschied in der Schadenserkennung zwischen beiden Läsionen erklärt werden. Das Protein XPE/DDB2 gilt als kritischer Faktor für die Erkennung von CPD und ist für die Rekrutierung von XPC an CPD notwendig [12]. Die Reparatur von 6-4 PP ist im Gegensatz dazu unabhängig von XPE/DDB2.

In unseren Experimenten verringerte sich der mRNA-Gehalt von XPE/DDB2 nach 24-stündiger Inkubation der Zellen in Gegenwart von $SbCl_3$. Ein signifikanter Rückgang des mRNA-Gehalts um ein Drittel wurde bei nicht-zytotoxischen $SbCl_3$-Konzentrationen von 250 µM beobachtet. Der Effekt von Antimon auf die Genexpression konnte auch auf Proteinebene detektiert werden. Nach einer Inkubationszeit von 24 h mit $SbCl_3$ verringerte sich der Proteingehalt von XPE/DDB2 um bis zu 50%, in Kombination mit UVC um bis zu 67%. Da die transkriptionelle Regulation von XPE/DDB2 über p53 erfolgt, kann die Abnahme des Proteingehalts von XPE/DDB2 möglicherweise über eine gestörte Regulation der Expression von XPE/DDB2 durch eine Fraktionierung von p53 erklärt werden. Der Proteingehalt von XPC, das ebenfalls durch p53 reguliert wird, wurde jedoch nicht durch die Inkubation der Zellen mit Antimon beeinflusst.

Ein weiterer wichtiger Faktor bei der Reparatur von CPD und 6-4 PP ist das Reparaturprotein XPA [13, 14]. Um die Anlagerung und die Abdissoziation von XPA an der DNA-Schadensstelle untersuchen zu können, erfolgte die Bestrahlung der Zellen mit UVC durch einen Filter, wodurch einzelne, lokale Spots mit DNA-Schäden generiert wurden. Nach unterschiedlichen Reparaturzeiten wurden die Zellen fixiert und mit XPA-spezifischen Antikörpern behandelt. Durch die Messung der Fluoreszenz-Intensität konnte so in Abwesenheit und Gegenwart von Antimon eine Aussage über das Verhalten von XPA an den Schadensstellen getroffen werden. Nach 2 h Vorinkubation der Zellen mit $SbCl_3$ und anschließender Bestrahlung mit 30 J/m^2 UVC zeigten die Experimente eine beeinträchtigte Anlagerung von XPA an die DNA-Läsionen 10 min nach deren Induktion. 60 min nach Bestrahlung, ein Zeitpunkt, zu dem etwa die Hälfte des Proteins wieder von der Läsion abdissoziiert sein sollte, konnte in mit Antimon behandelten Proben jedoch mehr XPA als in den unbehandelten Kontrollen beobachtet werden. Dies deutet auf eine verzögerte Ablösung von XPA von der Läsion nach einer Inkubation mit Antimon hin. Somit ist die Funktion von XPA innerhalb des Reparaturkomplexes in Gegenwart von Antimon gestört. Die Assoziation des Schadenserkennungsproteins XPC wurde hingegen durch Antimon nicht beeinflusst.

Die DNA-Doppelstrangbruch-Reparatur und ihre Beeinflussung durch Antimon

Bezüglich einer potentiell inhibierenden Wirkung von Antimon auf die Reparatur von DNA-DSB wurde bislang nur eine Arbeit publiziert, in der die Versuche mit bereits zytotoxischen Antimon-Konzentrationen durchgeführt wurden [15]. Daher wurde im Rahmen unserer Untersuchungen überprüft, ob Antimon die DSB-Reparatur auch bei nicht zytotoxischen Konzentrationen stört.

DNA-DSB zählen zu den schwerwiegendsten DNA-Läsionen, und ihre Reparatur wird von stark regulierten Netzwerken, wie der Homologen Rekombination (HR) oder dem Nicht-Homologen End-Joining (NHEJ) koordiniert. Beim NHEJ, welches in allen Phasen des Zellzyklus agiert, erfolgt die direkte Verknüpfung zweier getrennter Enden meist unabhängig von der Sequenz der DNA [16]. Das NHEJ benötigt hierzu keine oder nur sehr kurze homologe DNA-Abschnitte. Der Bruch wird durch das Hetero-dimer Ku70/Ku80 erkannt und die katalytische Untereinheit (DNA-PKcs) der DNA-abhängigen Proteinkinase (DNA-PK) zum Bruch rekrutiert. Nach Prozessierung der Bruchenden erfolgt die Ligation über den XRCC4/DNA-Ligase IV-Komplex [17]. Nachteilig beim NHEJ sind die häufig vorkommenden Fehlverknüpfungen und Deletionen während der Reparatur [18]. Die HR hingegen ist ein nahezu fehlerfreier Reparaturprozess, sofern fehlende Sequenz-Informationen an der Schadensstelle unter Verwendung einer homologen Sequenz der Schwesterchromatide neu synthetisiert werden. Aus diesem Grund ist die HR in der S- und der G2-Phase des Zellzyklus aktiv. Der DSB wird durch den MRN (Mre11-Rad50-Nbs1)-Komplex erkannt, und überhängende, einzelsträngige DNA-Enden werden prozessiert. An diese einzelsträngigen Bereiche lagern sich Rad51, Rad52 und RPA an. Anschließend erfolgt die Stranginvasion über Rad52, Rad54, BRCA1 und BRCA2 in den homologen Bereich der Schwesterchromatide und die Neusynthese des DNA-Bereichs um den DSB. Nach der Synthese wird die entstandene Holliday-Junction aufgelöst, und die neu synthetisierten Bereiche werden ligiert [19].

In unserer Studie wurde zunächst die Zytotoxizität von $SbCl_3$ über die Bestimmung der Zellzahl und die Koloniebildungsfähigkeit ermittelt. Untersucht wurden HeLa-Zellen nach 2-stündiger Vorinkubation und 6-stündiger Nachinkubation mit $SbCl_3$. Die Behandlung der Zellen mit 50 µM Antimon ergab eine Verminderung der Kolonieanzahl um 27%, mit 100 µM Antimon um 78% im Vergleich zur Kontrolle. Die Induktion von DSB mit 1 Gy ionisierender Strahlung in unbehandelten HeLa-Zellen verringerte die Anzahl der Kolonien um 23%. Nach Bestrahlung in Gegenwart von Antimon wurde bei der Koloniebildungsfähigkeit in HeLa-Zellen ein mehr als additiver toxischer Effekt beobachtet.

Nach Inkubation von A549-Zellen mit der höchsten $SbCl_3$-Konzentration von 500 µM wurde eine Verringerung der Kolonieanzahl um 4% beobachtet. Nach Bestrahlung der Zellen in Abwesenheit oder Gegenwart von Antimon konnten keine oder nur geringe Effekte festgestellt werden. Die geringere Empfindlichkeit der A549-Zellen in Gegenwart von Antimon und ionisierender Strahlung verglichen mit HeLa-Zellen kann durch den höheren GSH-Status der A549-Zellen erklärt werden.

Im nächsten Schritt wurde der Einfluss von Antimon auf die Reparatur von DSB untersucht. Wie auch bei den Experimenten zur NER wurden die DNA-Brüche, hier die DNA-DSB, über Immunfluoreszenz detektiert und quantifiziert. Der spezifische primäre Antikörper erkennt die Phosphorylierung an Serin 139 des Histons H2AX (gamma-H2AX), die nach der Generierung eines DSB auftritt. Dies ist im Mikroskop als „Focus" im Zellkern zu erkennen; dabei korreliert die Anzahl der Foci mit der Anzahl der DSB. Um die Reparaturvorgänge in den unterschiedlichen Zellzyklusphasen unterscheiden zu können, wurden die Zellen zusätzlich mit einem Antikörper gegen das Centromerprotein F (CENP-F) gefärbt. Dieses Protein wird nur zum Ende der S-Phase und während der G2-Phase exprimiert; in der G1-Phase fehlt es, wodurch sich die G1- von der G2-Phase unterscheiden lässt.

Nach 2 h Vorinkubation mit $SbCl_3$ und Induktion von DSB wurden die Zellen nach unterschiedlichen Reparaturzeiten in Gegenwart von Antimon fixiert und mittels spezifischer Antikörper gefärbt. In der unbehandelten Kontrolle wurde 15 min nach Bestrahlung mit 1 Gy die maximale Anzahl an gamma-H2AX-Foci erreicht. Die Anzahl der gamma-H2AX-Foci in den Antimon-behandelten Proben unterschied sich 15 min nach Bestrahlung kaum von der Kontrolle. Die Quantifizierung der Foci und der daraus folgenden gamma-H2AX-Kinetik ergab jedoch eine konzentrationsabhängige Hemmung der Reparatur der DSB durch Antimon, welches selbst keine DSB verursachte. In der G1-Phase wurde eine Inhibierung der DSB-Reparatur über 6 h beobachtet; dieser Effekt war in HeLa-Zellen besonders ausgeprägt. Der Reparaturweg des NHEJ wird folglich durch Antimon beeinträchtigt. In der G2-Phase war nach kürzeren Reparaturzeiten von 2 h und 4 h und niedrigen $SbCl_3$-Konzentrationen bis 100 µM keine Hemmung der Reparatur nachweisbar. Erst bei 250 µM $SbCl_3$, bzw. nach Reparaturzeiten von 6 h war auch hier ein Effekt zu erkennen. Der langsamen Reparatur in der G2-Phase wird der Reparaturweg der HR zugeordnet, dieser Reparaturweg wird in Gegenwart von Antimon somit ebenfalls gehemmt. Nun stellte sich die Frage, welche Reparaturproteine der HR und des NHEJ durch eine Antimon-Inkubation beeinträchtigt werden. Das erste Protein, welches unter den oben genannten Versuchsbedingungen mittels Immunfluoreszenz auf Foci-Bildung an den DSB genauer untersucht wurde und sowohl als übergeordneter Faktor für NHEJ als auch HR angesehen werden kann, war Ataxia Telangiectasia Mutated (ATM). ATM ist eine Serin-Threonin-Kinase und Mitglied der Phosphatidylinositol 3-Kinase-ähnlichen Proteinkinasen (PIKK). Sie ist an einer Vielzahl regulatorischer Vorgänge beteiligt, wie der Signalweiterleitung von DNA-Schäden und der Kontrolle des Zellzyklus über die Aktivierung von Checkpoints [20]. Die Ausbildung der ATM-Foci in Antimon behandelten und bestrahlten Proben unterschied sich nicht von den unbehandelten Kontrollen; somit ist die Phosphorylierung von ATM nicht beeinträchtigt. Ein Protein, das für den Reparaturweg der HR eine wichtige Rolle spielt, ist Rad51. Nach Auftreten von DSB und Resektion der Bruchenden bildet Rad51 mit den überhängenden, einzelsträngigen DNA-Enden ein Nukleoprotein-Filament, worauf die Stranginvasion in den DNA-Doppelstrang der Schwesterchromatide erfolgt [19]. Dieser Schritt ist essentiell für die Erhaltung der genomischen Integrität, da eine fehlerhafte

Anlagerung strukturelle Umordnungen der DNA nach sich ziehen würde. Wir untersuchten Rad51 ebenfalls über die Bildung von Foci, die mit gamma-H2AX-Foci kolokalisieren. Das Maximum an Rad51-Foci wurde 2 h nach Bestrahlung erreicht [21], wobei bis zu diesem Zeitpunkt eine leichte, allerdings nicht dosisabhängige Inhibierung der Foci-Bildung der SbCl$_3$-behandelten Proben zu erkennen war. Bis zum Ende des Versuchs-zeitraums 8 h nach Bestrahlung wurden die Rad51-Foci der behandelten Proben mit etwa der gleichen Geschwindigkeit wie die Rad51-Foci der unbehandelten Kontrolle repariert.

Dieses Ergebnis spricht nicht für einen direkten Einfluss von Antimon auf Rad51, möglich ist aber eine indirekte Beeinflussung z. B. über BRCA1 und BRCA2. Dies soll noch genauer untersucht werden.

Zusammenfassung und Ausblick

Antimon beeinflusst sowohl die NER als auch die DSB-Reparatur. Bei der Reparatur von UVC-induzierten Läsionen über die NER in Gegenwart von Antimon wurden 6-4 PP ebenso effizient wie in Kontrollzellen entfernt, die Reparatur von CPD hingegen war beeinträchtigt. Ein Grund für die unter-schiedliche Auswirkung auf die Reparatur dieser Läsionen liegt in der Art der Erkennung der Schäden durch die NER. 6-4 PP werden direkt von XPC erkannt, welches in Gegenwart von Antimon in seiner Funktion nicht beeinträchtigt wurde. Für die Reparatur von CPD muss das Schadens-erkennungsprotein XPC über XPE/DDB2 an die geschädigte DNA rekrutiert werden (Abbildung 1). In unserer Studie wurde gezeigt, dass nach Inkubation der Zellen mit Antimon der Protein-Gehalt von XPE/DDB2 deutlich verringert wird. Ein möglicher molekularer Mechanismus ist eine gestörte transkriptionelle Regulation von XPE/DDB2 durch p53, ein Protein mit Zink-bindender Struktur. Die Konformation und auch die transkrip-tionelle Aktivität von p53 können durch Zink-Chelat-Verbindungen, durch Oxidation der komplexierenden Thiole aber auch durch toxische Metall-ionen wie z. B. Cadmium beeinflusst werden [22]. Ein weiterer Weg der Inhibierung der Reparatur führt über die direkte Interaktion mit Repara-turproteinen, z. B. über Thiol- und Imidazolgruppen von sogenannten Zinkfinger-Strukturen, wie es für XPA gezeigt werden konnte. Dessen

Assoziation am DNA-Schaden war in Gegenwart von Antimon beeinträchtigt.

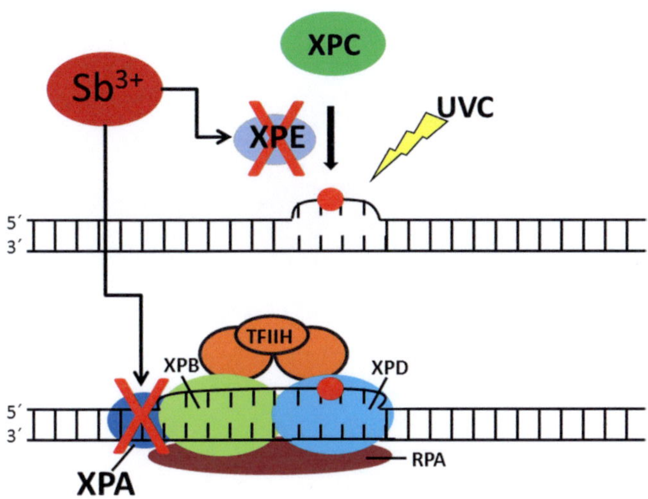

Abbildung 1: Auswirkungen von Antimon auf die NER.

Nach UVC-Bestrahlung von Zellen werden CPD und 6-4 PP in der DNA induziert. 6-4 PP werden repariert, die Reparatur von CPD hingegen ist in der Gegenwart von Antimon beeinträchtigt. Antimon interagiert mit XPE/DDB2, einem wichtigen Faktor für die Anlagerung des Schadenserkennungsproteins XPC. Zusätzlich beeinträchtigt Antimon die Anlagerung und Abdissoziation von XPA am Schaden.

Bei der Reparatur von DSB in Gegenwart von Antimon wurde sowohl das in allen Zellzyklus-Phasen vorkommende NHEJ als auch die in der S- und G2-Phase agierende HR gehemmt (Abbildung 2). Die molekularen Mechanismen sind noch unbekannt und machen weitere Untersuchungen notwendig.

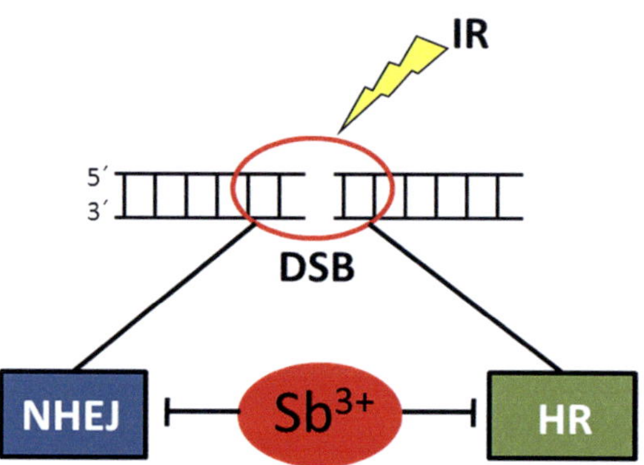

Abbildung 2: Auswirkungen von Antimon auf die DSB-Reparatur.

Durch Behandlung von Zellen mit ionisierender Strahlung (IR) wurden DSB in der DNA induziert. Die Reparatur der DSB über NHEJ und HR wurde nach Inkubation der Zellen mit Antimon gestört.

Literatur

[1]   Hartwig, A. (2013). Metal interaction with redox regulation: An Integrating Concept in metal carcinogenesis? Free Radical Biology and Medicine, 23: 63-72.

[2]   Beyersmann, D. and Hartwig, A. (2008). Carcinogenic metal compounds: recent insight into molecular and cellular mechanisms. Archives of Toxicology, Volume 82, Issue 8: 493-512.

[3]   Groth, D. H., Stettler, L. E., Burg, J. R., Busey, W. M., Grant, G. C. and Wong, L. (1986). Carcinogenic effect of antimony trioxide and antimony ore concentrate in rats. J. Toxicol. Environ. Health 18: 607-626.

[4]   Watt, W. D. (1983). Chronic inhalation Toxicity of Antimony Trioxide: Validation of the Threshold Limit Value, Ph. D. Thesis, Wayne State University, Detroit.

[5]   IARC (1989). Antimony trioxide and antimony trisulfide. IARC Monographs, Vol. 47, IARC, Lyon, France.

[6]   Greim, H. (ed.) (2007). Antimony and its inorganic compounds. The MAK-Collection for Occupational Health and Safety. Part I: MAK Value Documentations. Vol. 23, WILEY-VCH Verlag GmbH & Co. KGaA, Weinheim.

[7]   Hartwig, A. (2001). Zinc finger proteins as potential targets for toxic metal ions: differential effects on structure and function. Antioxid redox Signal 3: 625-34.

[8]   De Boeck, M., Kirsch-Volders, M. and Lison, D. (2003). Cobalt and antimony: genotoxicity and carcinogenicity. Mutation Research 533, 135-152.

[9]   Schaumlöffel, N. and Gebel, T. (1998). Heterogeneity of the DNA damage provoked by antimony and arsenic. Mutagenesis 13 (3), 281-286.

[10]   Großkopf, C., Schwerdtle, T., Mullenders, L. H. F. and Hartwig, A. (2010). Antimony Impairs Nucleotide Excision Repair: XPA and XPE as Potential Molecular Targets. Chem. Res. Toxicol. 23 (7): 1175-1183.

[11]   Sancar, A. (1996). DNA excision repair. Annu. Rev. Biochem. 65: 43-81.

[12]   Sugasawa, K. (2010). Regulation of damage recognition in mammalian global genomic nucleotide excision repair. Mutat Res 685: 29-37.

[13]   Shell, S. M., Li, Z., Shkriabai, N., Kvaratskhelia, M., Brosey, C., Serrano, M. A., Chazin, W. J., Musich, P. R. and Zou, Y. (2009). Checkpoint kinase ATR promotes nucleotide excision repair of UV-induced DNA damage via physical interaction with xeroderma pigmentosum group A. J Biol Chem 284: 24213-22.

[14]   Cleaver, J. E., Charles, W. C., McDowell, M. L., Sadinski, W. J. and Mitchell, D. L. (1995). Overexpression of the XPA repair gene increases resistance to ultraviolet radiation in human cells by selective repair of DNA damage. Cancer Res 55: 6152-60.

[15]   Takahashi, S., Sato, H., Kubota, Y., Utsumi, H., Bedford, J. S. and Okayasu, R. (2002). Inhibition of DNA-double strand break repair by antimony compounds. Toxicology 180 (3): 249-256.

[16]   Weterings, E. and van Gent, D. C. (2004). The mechanism of non-homologous end-joining: a synopsis of synapsis. DNA Repair (Amst) 3: 1425-1435.

[17]   Weterings, E. and Chen, D. J. (2008). The endless tale of non-homologous end-joining. Cell Res. 18: 114-124.

[18]   Helleday, T., Lo, J., van Gent, D. C. and Engelward, B. P. (2007). DNA double-strand break repair: from mechanistic understanding to cancer treatment. DNA Repair (Amst) 6: 923-935.

[19]   Baumann, P., Benson, F. E. and West, S. C. (1996). Human Rad51 protein promotes ATP-dependent homologous pairing and strand transfer reactions in vitro. Cell 87: 757-766.

[20]   Shiloh, Y. (2006). The ATM-mediated DNA-damage response: taking shape. Trends Biochem. Sci. 31: 402-410.

[21]   Beucher, A., Birraux, J., Tchouandong, L., Barton, O., Shibata, A., Conrad, S., Goodarzi, A. A., Krempler, A., Jeggo, P. A. and Löbrich, M. (2009). ATM and Artemis promote homologous recombination of radiation-induced DNA double-strand breaks in G2. EMBO (28): 3413-3427.

[22]   Meplan, C., Verhaegh, G., Richard, M. J. and Hainaut, P. (1999). Metal ions as regulators of the conformation and function of the tumor suppressor protein p53: implication for carcinogenesis. Proc Nutr Soc 58: 565-71.

Posterbeiträge

Influence of selenium deficiency and sulforaphane on lipid metabolism in growing rats

Nicole M. Blum, Kristin Mueller, Andreas S. Mueller*

Institution: Martin Luther University Halle Wittenberg, Institute of Agricultural and Nutritional Sciences, Preventive Nutrition Group, Von-Danckelmann-Platz 2, 06120 Halle (Saale), Germany

**Email: andreas.mueller@landw.uni-halle.de*

Keywords: Selenium deficiency; Sulforaphane; Triglycerides; Cholesterol

Running title: Selenium deficiency and lipid metabolism

Introduction

In recent years the trace element selenium (Se) was subject to a critical discussion regarding its role in lipid metabolism and diabetes. Some studies with animal models have shown positive effects of Se in the treatment of obesity, diabetes and hyperlipidemia. However, only high supranutritive selenate concentrations were effective [1, 2]. More recent studies in humans have shown that a high selenium status is associated with hyperlipidemia, including both increased cholesterol (Chol) and increased triglycerides (TG) [3, 4]. In contrast, data of our group revealed that feeding a Se deficient diet to rats reduced liver TG and Chol compared to their companions fed diets with adequate or slightly supranutritive Se [5, 6].

One very recent investigation suggested beneficial effects of sulforaphane (SFN), the main isothiocyanate in broccoli, on cholesterol metabolism in hamsters [7]. Furthermore, the transcription factor *nuclear factor erythroid*

2-related factor 2 (Nrf2), which can be activated via SFN, seems to be a negative regulator of lipid synthesis [8].

Consequently the aim of our study was to investigate if SFN can counteract negative effects of Se supplementation on lipid metabolism in a similar manner like Se deficiency.

Materials and Methods

Rats and diets

28 weaned albino rats (initial body weight: 63.1 ± 1.25 g) were divided into 4 groups of 7. The basal diet was a high fat diet (20% lard, 0.15% cholesterol) with 1.5% methionine. The rats of the positive control group (PC) were fed a Se deficient diet. The diets of the other 3 groups (NC = negative control, SFN50, SFN100) contained 150 µg Se/kg. The rats of groups SFN50 and SFN100 received 2 single oral SFN doses of 50 µmol SFN and 100 µmol SFN 2 days before the end of the experiment. After 6 weeks of feeding, the animals were decapitated under CO_2 anesthesia for blood and organ sampling.

TG and Chol concentration in liver and plasma

TG and Chol concentration in liver and plasma were analyzed photo-metrically using commercial test kits (DiaSys Diagnostic Systems GmbH, Germany).

Relative mRNA concentration of ABCG8 and LDLR

Liver RNA was extracted using the acid guanidinium thiocyanate-phenol-chloroform extraction method [9]. Reverse transcription of 1.2 µg of total RNA and real-time RT-PCR of ABCG8 and LDLR were performed as described previously [10]. Amplification data were analysed with the Rotor-Gene 6000™ series software using the ΔΔCt method [11]. For normalization the mean value of β-Actin and Rpl13a expression was used. Relative mRNA expression levels are expressed as x-fold changes relative to group PC = 1.0.

Statistical anaylsis

The data were analysed by one-way ANOVA using the SPSS Statistics Package 19.0 for Windows.

Results

Liver TG were significantly lower in Se deficient PC rats than in the Se sufficient NC group and in group SFN50 (Figure 1A). Liver Chol was reduced in Se deficient rats (PC) compared to all other groups (Figure 1B). SFN administration did not influence liver Chol concentration compared to the Se-sufficient control group NC. Plasma TG concentration was significantly reduced in group SFN100 compared to all other groups (Figure 1C). Plasma Chol was lower in tendency in SFN50 rats and in SFN100 rats than in both control groups (Figure 1D).

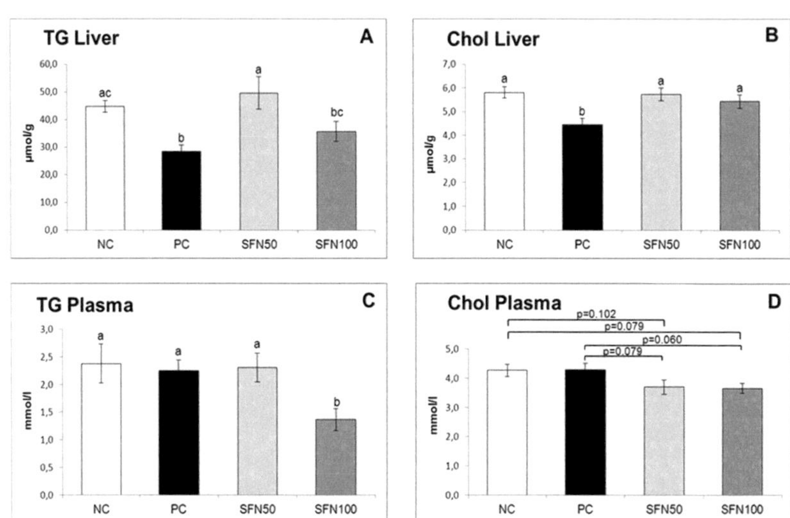

Figure 1 (A-D): Total Chol and TG concentrations in liver (A, B) and plasma (C, D). Values are means ± SEM. Different small letters indicate significant differences between means (p ≤ 0.05).

SFN treatment at both concentrations increased relative liver LDLR mRNA concentration about 1.5-fold compared to PC and NC rats (Figure 2). Liver ABCG8 mRNA expression was about 2 to 4-fold higher in groups PC, SFN50 and SFN100 than in NC rats.

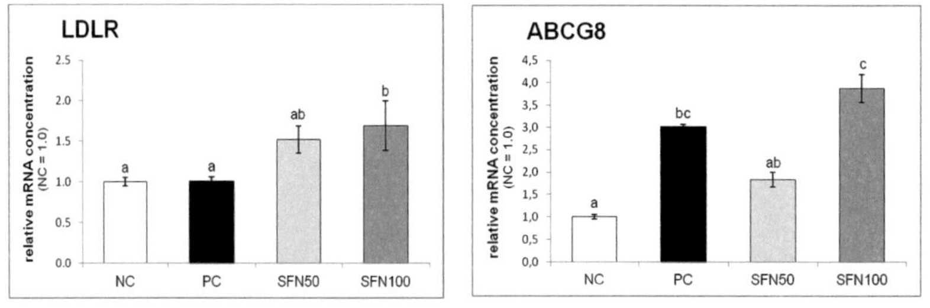

Figure 2: Relative mRNA concentrations of LDLR and ABCG8 in the liver. Values are means ± SEM. Different small letters indicate significant differences between means (p ≤ 0.05).

Discussion

The aim of our study was to investigate if SFN can counteract negative effects of Se supplementation on lipid metabolism in a similar manner like Se deficiency. Our results confirmed the findings of previous studies that Se deficiency decreases TG [6] and Chol [5] in the liver. In contrast to Se deficiency, SFN efficiently reduced TG and Chol in the plasma but not in the liver. A reason for the missing effect of Se deficiency on plasma TG and Chol could be the lower mRNA level of LDLR and the subsequent lowered import of Chol into the liver. Simultaneously the export of Chol from the liver by ABCG8 was similar between the Se deficient rats and the SFN supplemented groups. To explain the strong effect of SFN on plasma TG further analysis are needed.

References

[1]   Mueller AS, Pallauf J. Compendium of the antidiabetic effects of supranutritional selenate doses. In vivo and in vitro investigations with type II diabetic db/db mice. J Nutr Biochem. 2006; 17: 548-560.

[2]   Mueller AS, Pallauf J, Rafael J. The chemical form of selenium affects insulinomimetic properties of the trace element: investigations in type II diabetic dbdb mice. J Nutr Biochem. 2003; 14: 637-647.

[3]   Bleys J, Navas-Acien A, Stranges S, Menke A, Miller ER 3rd, Guallar E. Serum selenium and serum lipids in US adults. Am J Clin Nutr. 2008; 88: 416-423.

[4]   Stranges S, Laclaustra M, Ji C, Cappuccio FP, Navas-Acien A, Ordovas JM, Rayman M, Guallar E. Higher selenium status is associated with adverse blood lipid profile in British adults. J Nutr. 2010; 140: 81-87.

[5]   Wolf NM, Mueller K, Hirche F, Most E, Pallauf J, Mueller AS. Study of molecular targets influencing homocysteine and cholesterol metabolism in growing rats by manipulation of dietary selenium and methionine concentrations. Br J Nutr. 2010; 104: 520-532.

[6]   Mueller AS, Klomann SD, Wolf NM, Schneider S, Schmidt R, Spielmann J, Stangl G, Eder K, Pallauf J. Redox regulation of protein tyrosine phosphatase

1B by manipulation of dietary selenium affects the triglyceride concentration in rat liver. J Nutr. 2008; 138: 2328-2336.

[7]   Rodríguez-Cantú LN, Gutiérrez-Uribe JA, Arriola-Vucovich J, Díaz-De La Garza RI, Fahey JW, Serna-Saldivar SO. Broccoli (Brassica oleracea var. italica) sprouts and extracts rich in glucosinolates and isothiocyanates affect cholesterol metabolism and genes involved in lipid homeostasis in hamsters. J Agric Food Chem. 2011; 59: 1095-1103.

[8]   Vomhof-Dekrey EE, Picklo MJ Sr. The Nrf2-antioxidant response element pathway: a target for regulating energy metabolism. J Nutr Biochem. 2012 Jul 20. [Epub ahead of print].

[9]   Chomczynski P, Sacchi N. The single-step method of RNA isolation by acid guanidinium thiocyanate-phenol-chloroform extraction: twenty-something years on. Nat Protoc. 2006 1: 581-585.

[10]   Blum NM, Mueller K, Hirche F, Lippmann D, Most E, Pallauf J, Linn T, Mueller AS. Glucoraphanin does not reduce plasma homocysteine in rats with sufficient Se supply via the induction of liver ARE-regulated glutathione biosynthesis enzymes. Food Funct. 2011; 2: 654-664.

[11]   Livak KJ, Schmittgen TD. Analysis of relative gene expression data using real-time quantitative PCR and the 2(-Delta Delta C(T)) Method. Methods. 2001; 25: 402-408.

Using piglets as an animal model: Dose-response study on the impact of short-term marginal zinc supply on oxidative stress dependent and cell fate associated gene expression in the heart muscle

Daniel Brugger[1], Stefanie Donaubauer[1], Wilhelm Windisch[1]

[1]*Chair of Animal Nutrition, Center of Life and Food Sciences Weihenstephan, Technische Universität München*

Email: daniel.brugger@wzw.tum.de,
wilhelm.windisch@wzw.tum.de

Keywords: marginal zinc supply; oxidative stress; apoptosis; gene expression; heart; piglet

Running title: Zinc deficiency induced oxidative stress in piglet heart muscles

Abstract

During the last decade, zinc was shown to be involved in oxidative stress reactions demonstrating the pathological significance of zinc deficiency. However, those investigations mainly focused on situations of massive zinc depletion compared to sufficiently fed and oversupplied animals [1]. Though, the more common zinc deficiency phenotype in men and animals is marginal alimentary undersupply, due to plant based diets rich in anti-nutritive factors like phytate and fibre [2]. In order to mimic this situation, a dose-response study of gradually increasing zinc addition to a zinc deficient diet (corn soybean based diet; 28 mg native zinc content/kg diet; +0, +5, +10, +15, +20, +30, +40, +60 mg zinc/kg as $ZnSO_4$) with 48 weaning piglets (n = 6 animals per group) was conducted. The diet with +60 mg zinc/kg served as baseline and was fed to all animals for two weeks prior to the study. Treatment lasted for eight days in order to stay within margin of physiological capacity of zinc mobilization and to avoid clinical symptoms of zinc deficiency. Analysis included blood plasma zinc levels and mRNA expression patterns of genes associated with antioxidative defense and cell fate in the heart muscle. The plasma zinc content of the groups increased linearly (R^2 = 0.93) from 0.21 to 0.63 mg zinc/L in group +0 mg zinc/kg to +60 mg zinc/kg respectively, proving the efficacy of the model to produce a fine-graded undersupply in dietary zinc. A statistically significant up-regulation of proapoptotic factors was monitored in the +0 mg zinc/kg group compared to all other groups (Bax, Fas, Casp9), in concordance to an up-regulation of the transcription factor p53. This might be due to increasing abundance of reactive oxygen species as zinc supply declines marked by an increased transcription of glutathione reductase and catalase. Simultaneously, p21 and Gadd45a (regulating cell cycle arrest in a p53 dependent manner) were lower expressed with reduced dietary zinc supply. In summary, undersupply of zinc proved to increase the transcription of genes associated with oxidative stress and apoptosis in the heart muscle, even under condition of short term exposure.

Introduction

During the last decades increasing evidence suggested a strong relationship between insufficient zinc intake and the occurrence of oxidative stress. Several hypotheses were formulated to explain this examinations, from decreased activity of key antioxidant enzymes (e.g. Cu/Zn-superoxide dismutase (SOD)) over lower metallothionein abundance and competition of zinc with redox active metal ions for binding sites (e.g. Fe, Cu) to loss of zinc binding to free protein sulfhydryl groups [1].

Under basal conditions, the abundance of reactive oxygen species (ROS) is balanced by a variety of enzymes, thiols, thioneins and vitamins which detoxify ROS metabolites through chemical reduction. However, under pathological conditions like nutrient deprivation, the compensation capacity of the antioxidative defense machinery may be exceeded, leading to a markedly increased abundance of ROS. High ROS contents promote peroxidation of lipids and proteins as well as DNA strand breaks [3].

Cardiac function is inevitable for wellbeing and longevity due to its important role in delivering oxygen and nutrients to every part of the body. Increased oxidative stress in the heart muscle has been associated with the development of heart failure in adult individuals [4]. The consequences for a developing heart muscle can be assumed to be much more dramatic and are possibly involved in the growth retardation observed in growing, zinc deficient individuals [5].

Tumor suppressor p53 is a stress responsive transcription factor which has been shown to be involved in the apoptosis of cardiomyocytes resulting in the development of heart failure [6-8]. At basal intracellular ROS levels, p53 is short-lived and induces several antioxidative factors like glutathion-peroxidase 1 (Gpx1) and manganese-SOD (SOD2) as well as cell cycle regulators like cyclin-dependent kinase inhibitor 1a (p21) in order to maintain ROS homeostasis. At increasing stress levels, the activity of p53 changes towards the activation of prooxidant genes, leading to apoptosis [9]. This stress level dependent reactivity shows clearly that the p53 signaling pathway might be not only an indicator of cell fate, but also of the extent of intracellular stress.

Most in vivo studies considering zinc supply and oxidative stress are using experimental designs to compare situations of massive, long-term dietary zinc deficiency to sufficiently fed and/or oversupplied animals [1]. Though, the more common zinc deficiency phenotype in men and animals is a marginal, alimentary undersupply, due to plant based diets rich of anti-nutritive factors like phytate and fibre [2]. To mimic this situation, an experiment was conducted in which eight groups of weaned piglets were exposed to a fine-graded zinc supply for a short period of time, in order to avoid metabolic imbalance due to a clinical manifestation of zinc deficiency. The aim of the study was to investigate the influence of a short term, marginal zinc supply on the transcription of several factors associated with antioxidative defense and the p53 pathway.

Material and Methods

Experimental Design

48 weaned piglets (50% female, 50% male-castrated) were randomly assigned to eight treatment groups (n = 6) in a complete randomized block design.

All animals received a corn-soybean-meal based diet (13.0 MJ ME/kg, 24% CP), supplemented with 60 mg zinc/kg as $ZnSO_4$ x 7 H_2O, for two weeks prior to the study.

The animals showed an average life weight of 13.4 kg at the first day of the experiment. During the experimental phase (8d) they received the same corn-soybean-meal based diet as during the 14d acclimatization phase, but with varying zinc doses (Table 1). The experimental diets were pelletized twice in order to markedly reduce the activity of native phytase.

Table 1: Zinc supplementation levels of the experimental diets [mg/kg].

Treatment group	1	2	3	4	5	6	7	8
Zn dosage	0	5	10	15	20	30	40	60

Sample collection and storage

At the end of the experiment, blood samples were taken in Li-Heparin-Tubes and the blood plasma was recovered by centrifugation. The blood plasma samples were stored at -20°C. All animals were euthanized and tissue samples were taken from the tip of the heart muscle, placed in RNAlater (Qiagen, Hilden, Germany), incubated at 5°C overnight and stored at -80°C.

Zinc content analysis

The Zinc contents of the experimental diets and blood plasma were measured using atom-absorption-spectrophotometry (AAS) (novAA 350, Analytik Jena AG, Jena, Germany) directly (blood plasma) or after microwave extraction (Ethos 1, MLS GmbH, Leutkirch, Germany) (experimental diets).

Total RNA extraction and quality control

RNA was extracted from 50 mg heart muscle tissue using the miRNeasy Mini Kit (Qiagen, Hilden, Germany) according to the manufacturer instructions. The tissue was homogenized with the MagnaLyzer System (MP Biomedicals, Illkirch, France). The total RNA extracts were diluted in RNase free water. The total RNA yield of every sample was determined with the Biophotometer (Eppendorf, Hamburg, Germany). $OD_{260/280}$ and $OD_{260/230}$ ratios of >2.0 were considered as indicators of high purity total RNA extracts.

The total RNA integrity was evaluated using the Experion System (Bio-Rad, Munich, Germany). A RNA quality index (RQI) of >5.0 was considered as threshold for satisfactory sample integrity.

cDNA synthesis

500 ng total RNA/sample were used for cDNA synthesis with the iScript Reverse Transcription Kit (Bio-Rad, Munich, Germany) in a total reaction volume of 20 µl, according to manufacturer instructions. This kit uses a mixture of random hexamer and oligo-dT Primers. The reverse transcripttion (RT) was performed in duplicate per sample on the Mastercycler® gradient (Eppendorf, Hamburg, Germany). One sample duplicate was additionally used with the noRT mix of the kit to serve as a negative control. DEPC water was loaded on the plates in duplicate as an additional negative control. To reduce interplate variation an interplate calibrator (IPC) was introduced. The IPC consisted of a 1:1 mixture of five samples.

The RT was performed with the Mastercycler® gradient (Eppendorf, Hamburg, Germany): priming (25°C, 5 min), RT step (42°C, 30 min), RT inactivation (85°C, 5 min), hold (4°C).

After the reverse transcription, all samples were diluted 1:5 with 80 µl DEPC water.

The cDNA plates were stored at -20°C until further usage.

Primer design and optimization

Oligonucleotides for RT-qPCR applications were designed with Primer Blast [10] and ordered at Eurofins MWG Operon (Ebersberg, Germany). Primer pair specifications are summarized in table 2. If information on the exon-intron-positions of the template sequences (NCBI database, Ensemble database) was available, primer pairs were designed to span at least one exon-exon-junction. Primer sequences were blasted against the Sus scrofa and Homo sapiens reference sequence databases (RefSeq mRNA) [11] to check for their target specificity.

The primer pairs were used in a gradient PCR (54°C - 64°C) to evaluate the optimal annealing temperature and their specificity by melting curve analysis.

Table 2: Primer pair specifications.

Gene name	Accession number	Forward sequence	Backward sequence	Annealing Temperature [°C]
18S	NM_213940.1	tgtggtgttgaggaaagcag	tcccatccttcacatccttc	58.0
GSR	XM_003483638.1	tgtcggatgtgtacccaaaa	gtgttcagtcggctcacgta	58.0
Sod1	NM_001190422.1	aggctgtaccagtgcaggtc	ccaatgatggaatggtctcc	61.0
Sod2	NM_214127.2	attgctggaagccatcaaac	ggttagaacaagcggcaatc	58.0
Gpx1	NM_214201.1	caagaatggggagatcctga	gataaacttggggtcggtca	61.0
Cat	NM_214301.2	gcacgttggaaagaggacac	ggctgtggataaaggatgga	58.0
Prdx1	ENSSSCT00000004329	tgcttcgcgtgtctgcttc	gaccatctggcataacagcag	58.6
Prdx3	NM_001244531.1	gtgaaggcgttccagtttgt	tcccaactgtggctcttctc	58.0
Prdx4	XM_001927369.1	atttccaagccagcacctta	gcgataatttcagttggacag	58.0
p53	NM_213824.3	ccctttgaagtccctggca	gccccaggccaagcatatag	60.0
Bax	XM_0031272290.2	ccgagaagtcttttccgagt	cgatctcgaaggaagtccag	58.0
Fas	NM_213839.1	agtgactgaccccgattctg	atgtttccgtttgccaggag	61.3
PIG8	XM_0031300045.1	tgtggtctcttgctccactg	ggcacttgtccaaaactggt	61.0
Scotin	NM_016479.3	atggggtttggaacgactgt	gtggtggtagtcacgactgg	58.0
IGF-BP3	NM_0010055156.1	gggtgcctgactccaaactc	gaggagaagttctgggtgtcc	60.0
Casp3	NM_214131.1	gccatggtgaagaaggaaaa	gtccgtctcaatcccacagt	61.0
Casp8	NM_0010317799.2	gcctggactacatcccacat	tcctcctcattggtttccag	58.0
Casp9	XM_0031276199.1	gaccccttaccctgccttac	ctctttctccatcgctggtc	61.0
p21	XM_0019295558.1	gggttccccagttctacctc	cctcctggaaatgtctgctc	61.0
SFN	NM_0010445644.1	ctgaactgtgtggcagagact	tttccctctcatcctcggtct	64.0
Gadd45a	NM_0010445999.1	atcttcctgaacggtgatgg	catctatcttcgggctcctg	61.0

QPCR

QPCR experiments were performed with the SensiFAST™ SYBR No-ROX Kit (Bioline, Luckenwalde, Germany).

The Mastercycler® gradient was programmed with one initial 95°C step for 2 min in order to activate the polymerase. The polymerase chain reaction was performed for 40 cycles, with 5 sec denaturation at 95°C, 10 sec annealing at the specific temperatures shown in table 2 and 8 sec elonga-tion at 72°C. A dissociation step was programmed to determine the melting curve of the amplicons after the PCR.

An internal standard was loaded in duplicate on each plate, to create a standard curve in order to calculate the amplification efficiencies for subsequent data normalization. The internal standard for one primer pair consisted of its purified amplicons from the gradient PCR (MinElute Purification Kit from Qiagen) in different dilutions: 10^7, 10^6, 10^5, 10^4, 10^3, 10^2, 10^1, 10^0 copies/µl. To evaluate the copy number in an amplicon solution, its dsDNA content was measured with the Biophotometer (Eppendorf). The dsDNA content of the solution in combination with the specific amplicon length was used to calculate the copy number (http://www.uri.edu/research/gsc/resources/cndna. html).

The qPCR runs were performed in a 96 well format. The plates were prepared with the EpMotion System (Eppendorf) and heat sealed (Thermal sealer, 4titude®, Wotton, Surrey, UK).

Normalization of gene expression data

The raw mean cq datasets of the second reaction plate of each plate duplicate was corrected for interplate variation using the mean Cq´s of the IPC on each reaction plate in the following formula:

$$\text{Corrected mean Cq} = \text{Mean Cq}_{plate2} - (\text{Mean\_IPC}_{plate1} - \text{Mean\_IPC}_{plate2})$$

To search for useful reference genes, the complete mean Cq dataset of the RT-qPCR assay was screened with Genorm and Normfinder algorithms, using the GenEx software (Multi D Analysis, Gothenborg, Sweden). The mean Cq´s of the reference genes in each sample were used to calculate the geometric mean to serve as reference gene index (RGI).

The efficiency corrected normalization model [12] was used for evaluation of gene expression data:

$$ratio = \frac{\left(E_{target}\right)^{\Delta Cq_{target}(control-sample)}}{\left(E_{ref}\right)^{\Delta Cq_{ref}(control-sample)}}$$

Amplification efficiencies of target and reference gene reactions were calculated according to [13]:

$$E_n = 10^{[-1/slope]}$$

The +60 mg/kg group served as control group.

The normalized dataset was purified from extreme values by removing all data which scattered more than three times the 25% quantile around the median.

Statistical analysis

A two factorial ANOVA (treatment, block) was performed, using the procedure GLM (SAS 9.3; SAS Institute Inc., Cary, United States of America). Significantly different treatment means regarding the blood plasma zinc content were identified with the Tukey test. Differences between treatment groups regarding the normalized gene expression results were compared in a linear contrast model using the CONTRAST function within the GLM procedure.

Results

Zinc contents in feed and blood plasma

The zinc content of the experimental diets increased linearly with increasing zinc supplementation (R^2 = 0.99; p < 0.0001; Table 3), ranging from 28.1 mg/kg in the +0 mg/kg group to 88.0 mg/kg in the +60 mg/kg group (Table 3).

Table 3: Zinc supplementation levels and analyzed zinc contents of the experimental diets [mg/kg].

Treatment Group	1	2	3	4	5	6	7	8
Zinc supplementation level	0	5	10	15	20	30	40	60
Analyzed diet zinc content	28.1	33.6	38.8	42.7	47.5	58.2	67.8	88.0

The zinc content in the blood plasma was also directly correlated with the dietary zinc supply (R^2 = 0.93; p < 0.0001; Figure 1), ranging from 0.21 mg/L in the +0 mg/kg group to 0.63 mg/L in the +60 mg/kg group (Figure 1).

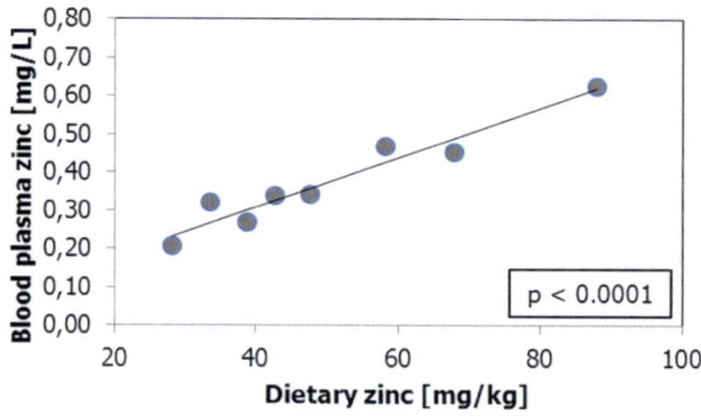

Figure 1: Effect of increasing dietary concentrations of zinc supply on the blood plasma zinc content.

Total RNA Quality and evaluation of reference genes

The total RNA extracts showed sufficient yield (909 ± 232 µg/mL), purity (OD$_{260/280}$: 2.1 ± 0.1; OD$_{260/230}$: 2.2 ± 0.2) and integrity (RQI = 6.6 ±1.1) for RT-qPCR-experiments.

Screening the raw Cq dataset with Genorm and Normfinder algorithms revealed 18S, PIG8 and SOD2 as useful reference genes.

Gene expression data

The expression of catalase (CAT) and glutathione reductase (GSR) was significantly increased (p = 0.04; p < 0.0001) in the +0 mg/kg group (Figure 2 A + B). The remaining antioxidative factors examined, showed no differences in expression ratios, compared between treatment groups (data not shown).

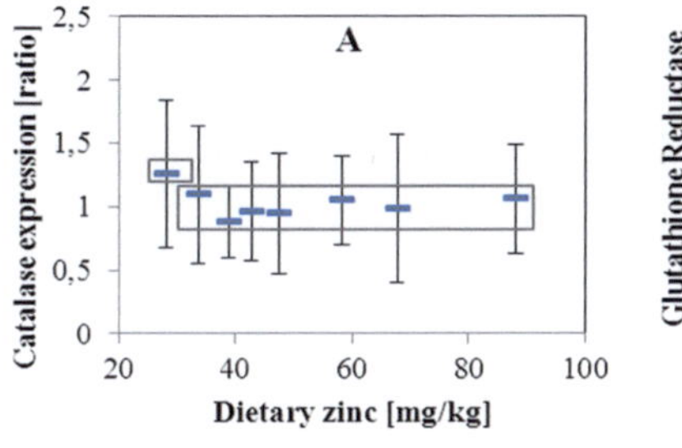

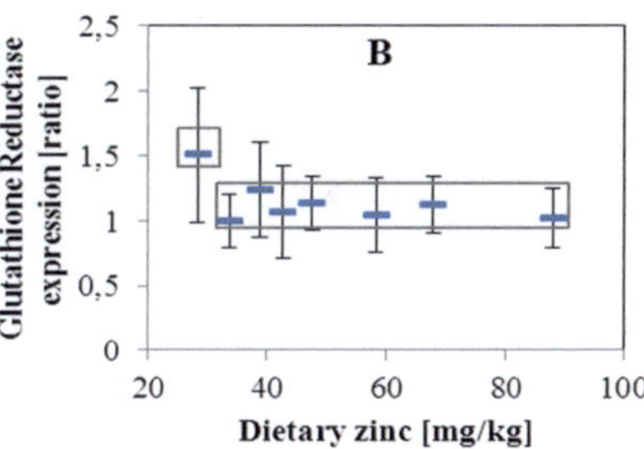

Figure 2: Effect of varying dietary zinc supply on the expression of (A) catalase and (B) glutathione reductase. Frames mark the treatment blocks with significant differences between each other, evaluated by linear contrast (p = 0.04 and < 0.0001, respectively).

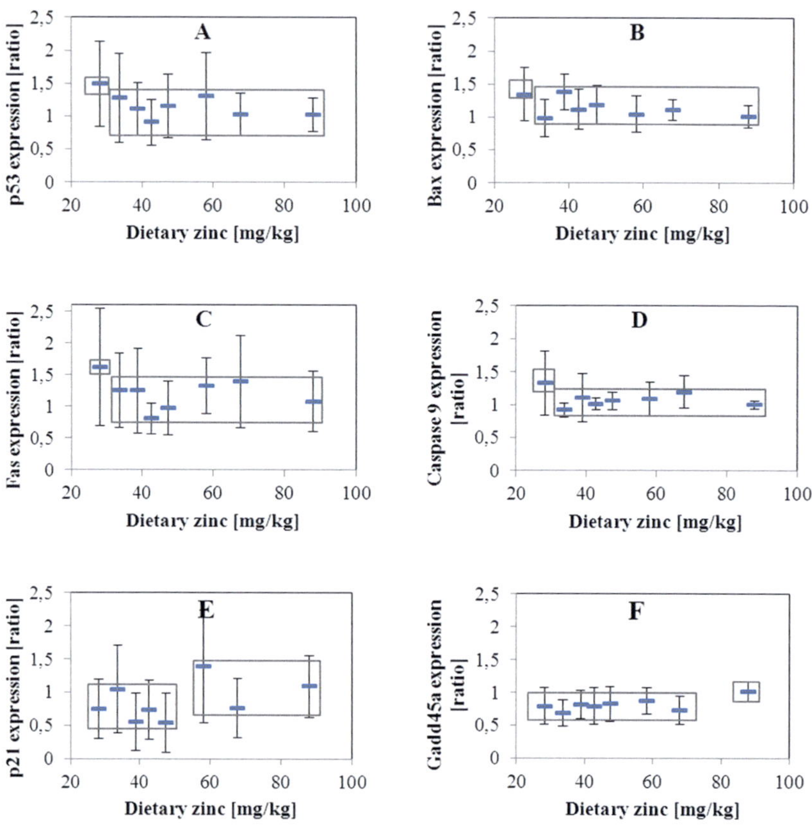

Figure 3: Effect of varying dietary zinc supply on the expression of (A) p53, (B) Bax, (C) Fas, (D) Casp9, (E) p21 and (F) Gadd45a. Frames mark the treatment blocks with significant differences between each other, evaluated by linear contrast (p = 0.03; 0.05; 0.02; 0.02; 0.01 and 0.02, respectively).

p53 as well as its target genes Bcl2-like x-protein (Bax) and Fas-receptor (Fas) were up-regulated in the +0 mg/kg group compared to all other treatment groups (Figure 3 A, B and C; p = 0.03, p = 0.05, p = 0.02). The expression of caspase 9 (Casp9) showed the same expression pattern (Figure 3 D; p = 0.02). The remaining proapoptotic p53 target genes as well as Casp3 and 8 were not differently regulated between treatment groups (data not shown). The p53 target genes p21 and growth arrest and damage inducible alpha (Gadd45a) showed an expression pattern which was contrary to the differential regulated proapoptotic p53 targets. p21 was down-regulated under conditions of insufficient zinc supply (< 60 mg/kg; [14]), compared to sufficient and mild oversupply (Figure 3 E; p = 0.01). Gadd45a was lower expressed in all groups, compared to control (+60 mg/kg) (Fig. 3 F; p = 0.02).

Discussion

The observed increase of the plasma zinc content with increasing dietary zinc supply is in concordance with earlier published data [15, 16]. Though, in the actual investigation no plateau was reached at the estimated level of sufficient zinc supply for piglets (60 mg/kg; NRC [14]). This might be due to ongoing homeostatic adaptions because of the change in alimentary supply compared to the supply level during the acclimatization phase. Nevertheless it proves the treatment groups were in different states of zinc supply, ranging from deficient states to potential mild oversupply.

Zinc deficiency was discussed as a cause of oxidative stress [1]. This could be supported in the actual project in which we investigated several anti-oxidative factors on the transcriptional level. Two of them, GSR and Cat were up-regulated in the group with the lowest zinc supply level, which points towards an increased abundance of ROS in the marginal zinc supplied heart muscle.

p53 is a stress responsive transcription factor. Under the terms of physio-logical stress, it is expressed on a basal level to induce antioxidative and cell cycle regulators like Gpx1 and p21, while at high stress levels transcription is up-regulated leading to the initiation of proapoptotic and prooxidative target genes like Fas and Bax [9]. Gpx1 and SOD2 (anti-oxidative p53 targets) showed a very consistent expression pattern over all treatment groups, while p21 and Gadd45a (p53 dependent cell cycle regulators) were down-regulated with decreasing dietary zinc supply. On the contrary, Bax and Fas were up-regulated in the +0 mg/kg group. This is in concordance with a higher expression of p53 under this treatment condition, which has been already shown in human lung fibroblasts [17]. The results indicate high intracellular stress levels, which is in context to the significantly increased GSR and CAT expression.

The increase in Bax expression is in good context to the up-regulation of Casp9 in the same group. This factor is activated in the presence of cytochrome-c after its release due to a higher permeabilisation of the outer mitochondrial membrane by Bax, leading to the activation of Casp3 and endonucleases [18]. Though, no up-regulation of Casp3 could be detected (data not shown). This also applies for Casp8 (data not shown) which has been proven to be activated after the binding of death factors like the Fas-ligand to their membrane-bound receptors, resulting in subsequent activation of Casp3 and DNA degradation [19, 20]. The fact that Casp3 and 8 showed no significant differences between treatment groups suggests their regulation occurs primarily on the proteomic level.

The initiation of prooxidative factors like Bax might increase the amount of reactive oxygen species making it difficult to determine, if high oxidative stress in a tissue is the inducer of apoptosis or its catalyzing by product. One of the hypotheses regarding the promotion of oxidative stress by zinc deficiency is the lower abundance of metallothioneins [1], which has been shown for metallothionein 1 and 2 in zinc deficiency [21]. This was confirmed in own investigations regarding the expression of Mt1a and Mt2b proving differential zinc supply of the heart muscles (data not shown). Metallothioneins are not only the regulators of intracellular zinc, but potent antioxidative factors [22-24]. The significantly reduced expression of Mt1a and Mt2b potentially decreased the overall anti-oxidative capacity of cardiomyocytes, leading to increased oxidative stress and apoptosis.

Conclusions

A varying dietary zinc supply (28 mg/kg to 88 mg/kg) for eight days induced differential states of zinc homeostatic regulation in the piglets, as indicated by a linear increase in the blood plasma zinc content (0.21 mg/L to

0.63 mg/L). Despite the short experimental period, the lowest supplied treatment group showed an up-regulation of GSR and CAT, suggesting an increased abundance of ROS. In concordance with this observation, the stress responsive factor p53, its proapoptotic and prooxidative target genes Bax and Fas as well as Casp9 were up-regulated. On the contrary, the expression of the p53-dependent cell cycle regulators p21 and Gadd45a was reduced in the groups with a dietary zinc content of < 60 mg/kg and < 88 mg/kg, respectively. In summary, our results indicate dramatically increased stress resulting in proapoptotic stimuli in the heart muscle of piglets after just eight days of marginal supply with zinc. This highlights the necessity to avoid even short periods of zinc deprivation.

Acknowledgements

We thank the Bayerische Arbeitsgemeinschaft Tierernährung e.V.(BAT e.V.) for the generous support of this study.

References

[1]   Eide, D.J., The oxidative stress of zinc deficiency. Metallomics, 2011. 3: p. 1124 - 1129.

[2]   Röhring, B., et al., Zinc intake of german adults with mixed and vegetarian diets. Trace Elements and Electrolytes, 1998. 15(81 -86).

[3]   Ma, Q., Transcriptional responses to oxidative stress: Patholocial and toxicological implications. Pharmacology & Therapeutics, 2010. 125: p. 376 - 393.

[4]   Fujita, T. and Y. Ishikawa, Apoptosis in heart failure - The role of the ß-adrenergic receptor-mediated signaling pathway and p53-mediated signaling pathway in the apoptosis of cardiomyocytes. Circ J, 2011. 75: p. 1811 - 1818.

[5]   Prasad, A.S., Clinical manifestations of zinc deficiency. Annual Review of Nutrition, 1985. 5: p. 341 - 363.

[6]   Matsusaka, H., et al., Targeted deletion of p53 prevents cardiac rupture after myocardial infarction in mice. Cardiovasc. Res., 2006. 70: p. 457 - 465.

[7]   Toth, A., et al., Targeted deletion of Puma attenuates cardiomyocyte death and improves cardiac function during ischemia-reperfusion. Am J Physiol Heart Circ Physiol, 2006. 291: p. H52 - H60.

[8]   Toth, A., et al., Differential regulation of cardiomyocyte survival and hypertrophy by MDM2, an E3 ubiquitin ligase. J Biol Chem, 2006. 281: p. 3679 - 3689.

[9]   Sablina, A.A., et al., The antioxidant function of the p53 tumor suppressor. Nat Med, 2005. 11: p. 1306 - 1313.

[10]   Ye, J., et al., Primer-BLAST: A tool to design target-specific primers for polymerase chain reaction. BMC Bioinformatics, 2012. 13: p. 134.

[11]   Pruitt, K.D., et al., NCBI Reference Sequences (RefSeq): current status, new features and genome annotation policy. Nucleic Acids Res., 2012. 40 (Database issue): p. D130-5.

[12]   Pfaffl, M.W., A new mathmatical model for relative quantification in real-time RT-PCR. Nucleic Acids Res., 2001. 29(9): p. 2002 - 2007.

[13]   Rasmussen, R., Quantification on the LightCycler., in Rapid Cycle Real-time PCR, Methods and Applications, S. Meurer, C. Wittwer, and K.e. Nakagawara, Editors. 2001, Springer Press: Heidelberg. p. 21 - 34.

[14]   NRC, Mineral Tolerance of Animals. 2005, Washington, D.C.: The National Academics Press.

[15]   Kirchgessner, M., W. Windisch, and E. Weigand, True bioavailability of zinc and manganese by isotope dilution technique., in Bioavailability '93: Nutritional, chemical and food processing implication of nutrient availabilty., U. Schlemmer, Editor. 1993: 09.-12-05.1993, Karlsruhe, Germany. p. 231 - 222.

[16]   Weigand, E. and M. Kirchgessner, Total true efficiency of zinc utilization: Determination and homeostatic dependence upon the zinc supply status in young rats. The Journal of Nutrition, 1980. 110: p. 469 - 480.

[17]   Ho, E., C. Courtemanche, and B.N. Ames, Zinc deficiency induces oxidative DNA damage and increases p53 expression in human lung fibroblasts. Journal of Nutrition, 2003. 133(8): p. 2543 - 2548.

[18]   Elmore, S., Apoptosis: A review of programmed cell death. Toxicologic Pathology, 2007. 35: p. 495 - 516.

[19]   Kischkel, F.C., et al., Cytotoxicity-dependent APO-1 (Fas/CD95)-associated proteins form a death-inducing signaling complex (DISC) with the receptor. EMBO J, 1995. 14: p. 5579 - 5588.

[20]   Wajant, H., The Fas signalling pathway: more than a paradigm. Science, 2002. 296: p. 1635 - 6.

[21]   Pfaffl, M.W., et al., Effect of zinc deficiency on the mRNA expression pattern in liver and jejunum of adult rats: Monitoring gene expression using cDNA microarrays combined with real-time RT-PCR. J. Nutr. Biochem., 2003. 14: p. 691 - 702.

[22]   Klaassen, C.D. and S.Z. Cagen, Metallothionein as a trap for reactive organic intermediates. Advances in Experimental Medicine and Biology, 1982. 136: p. 633-646.

[23]   Endresen, L., A. Bakka, and H.E. Rugstad, Increase resistance to chlor-ambucil in cultured-cells with a high-concentration of cytoplasmic metallothionein. Cancer Research, 1983. 43(6): p. 2918-2926.

[24]   Oh, S.H., et al., Biological function of metallothionein. V. Its induction in rats by various stresses. American Journal of Physiology, 1978. 234(3): p. E282-E285.

Die Bedeutung des Transkriptionsfaktors MTF-1 für die Aufnahme, Zytotoxizität und Genotoxizität von anorganischem Arsenit

Claudia Keil[1,2], Constanze Richter[2], Wolfgang Paul[2], Andrea Hartwig[1]

[1]*Karlsruher Institut für Technologie (KIT), Abteilung für Lebensmittelchemie und Toxikologie, Adenauerring 20 a (Geb. 50.41), 76131 Karlsruhe*

[2]*Technische Universität Berlin, Institut für Lebensmitteltechnologie und Lebensmittelchemie, Fachgebiet Lebensmittelanalytik, TIB4/3-1 Gustav-Meyer-Allee 25, 13355 Berlin*

Email: andrea.hartwig@kit.edu, claudia.keil@kit.edu

Schlüsselwörter: Arsenit; MTF-1; Metallothionein; Zytotoxizität; Aufnahme; Genotoxizität

Kurztitel: Zusammenhang von Arsenit und MTF-1

Abstract

Anorganisches Arsenit wurde sowohl durch die „International Agency for Research on Cancer" (IARC) als auch durch die Senatskommission der DFG zur Prüfung gesundheitschädlicher Arbeitsstoffe (MAK-Komission) als Humankanzerogen eingestuft. Dennoch sind zum jetzigen Zeitpunkt die zugrunde liegenden Mechanismen nur unzureichend verstanden. Eine wesentliche Rolle wird der Metabolisierung von anorganischem Arsenit zu drei- und fünfwertigen methylierten bzw. Schwefel-konjugierten Verbindungen sowie deren Interaktion mit thiolhaltigen Molekülen zugeschrieben. Das Ziel der vorliegenden Studie war es, die Bedeutung des

Transkriptionsfaktors MTF-1 für die Aufnahme, Zytotoxizität und Genotoxizität von anorganischem Arsenit zu untersuchen. Modellhaft wurden
hierfür embryonale Mausfibroblasten mit funktionellem MTF-1 (3T3) bzw.
aus MTF-1-knockout Mäusen generierte defiziente Zellen (dko7) verwendet. Die Aufgabe von MTF-1 besteht in einer metallvermittelten Induktion
der Metallothioneinbiosynthese. Das gewählte Modellsystem erfasst somit
auch die Bedeutung dieser metallbindenden Proteine für die Aufnahme,
Biotransformation und Zytotoxiziät von anorganischem Arsenit. Die
durchgeführten Untersuchungen zeigen mit Bezug auf die Zellzahl und die
Koloniebildungsfähigkeit eine vergleichbare zytotoxische Wirkung von iAs^{3+}
in beiden Zelllinien; bezogen auf die intrazellulär akkumulierten Mengen
an Arsen erwiesen sich die MTF-1-defizienten Zellen jedoch als deutlich
sensitiver. Die Untersuchungen zur Genotoxizität ergaben, dass es in
beiden Mausfibroblastenlinien erst bei hohen Konzentrationen an anorganischem Arsenit zur Induktion von Strangbrüchen kommt. Im Vergleich war
das Ausmaß der Schädigung größer in den MTF-1-defizienten Fibroblasten,
im Einklang mit einer protektiven Funktion von MTF-1 gegenüber oxidativem Stress. Erfolgte eine Koinkubation mit Wasserstoffperoxid, so
resultierte dies in der synergistischen Erhöhung der Anzahl an Strangbrüchen in den 3T3-Zellen bereits bei niedrigen mikromolaren Konzentrationen. Dieser Effekt wurde jedoch nicht in MTF-1-defizienten Fibroblasten
beobachtet. In weiteren Versuchen soll geklärt werden, inwieweit diese
erhöhte DNA-schädigende Wirkung auf eine regulatorische Funktion von
MTF-1 auf die Entgiftung von Wasserstoffperoxid oder auf den Einfluss von
DNA-Reparaturprozessen zurückzuführen ist.

Einleitung

Arsen ist ein in der Umwelt weit verbreiteter Kontaminant, welcher sowohl
im Boden, im Wasser als auch in der Atmosphäre vorkommt. Die Exposition der Bevölkerung gegenüber Arsen erfolgt vornehmlich durch den
Verzehr von kontaminierten Lebensmitteln bzw. durch das Trinken von
kontaminiertem Wasser [1]. Die Toxizität von Arsen steht in engem
Zusammenhang mit seiner chemischen Form, wobei anorganische
As-Spezies sowie seine methylierten Metabolite im Vergleich zu anderen

organischen Arsenverbindungen ein deutlich toxischeres Potential aufweisen [2]. Für die anorganischen Arsenverbindungen gibt es eine Vielzahl an epidemiologischen Untersuchungen, die ein erhöhtes Risiko für Herz-Kreislauf-Erkrankungen und das vermehrte Auftreten von Haut-, Blasen-, Leber-, Lungen- und Nierentumoren bei einer chronischen Exposition gegenüber erhöhten Mengen an Arsen zeigen [3]. Daher wurden anorganisches Arsen und seine Verbindungen durch die „International Agency for Research on Cancer" als Humankanzerogen eingestuft [1]. Eine Neubewertung der Arsenbelastung durch Lebensmittel durch das sog. CONTAM-Panel der European Food Safety Authority (EFSA) im Jahr 2009 führte zu einer Aussetzung des bis dahin gültigen „Provisional Tolerable Weekly Intake" (PTWI) von 15 µg/kg KG anorganischem Arsen. Grundlage hierfür war die Berechnung von „Benchmark Dose Lower Limits$_{01}$" zwischen 0,3 und 8 µg/kg KG pro Tag für Tumore der Lunge, Haut und Blase. Die tatsächliche Exposition an anorganischem Arsen liegt für 95% der Bevölkerung im Bereich von 0,37 bis 1,22 µg/kg Körpergewicht und Tag [4]. Für anorganisches Arsenit (iAs^{3+}) sind die der Kanzerogenese zugrunde liegenden Mechanismen bis jetzt nur unzureichend geklärt. Vorangegangene Studien zeigen, dass keine direkten DNA-Schädigungen im Vordergrund stehen, da anorganisches Arsenit in bakteriellen Mutagenitätstests in der Regel nicht und auch in Säugerzellen nur schwach mutagen ist [5]. Demgegenüber weisen sie aber ausgeprägte verstärkende Effekte in Kombination mit anderen DNA-schädigenden Agentien wie UVC-Strahlung und Benzo[α]pyren auf. Dies deutet darauf hin, dass eher indirekte genotoxische Effekte wie eine Beeinflussung von DNA-Reparaturprozessen und andere an der Prozessierung von DNA-Schäden beteiligte Reaktionen für die Kanzerogenität von Bedeutung sind [6]. Weitere diskutierte Mechanismen sind die Induktion oxidativer DNA-Schäden, Beeinflussungen der Genexpression, auch im Zusammenhang mit Veränderungen des DNA-Methylierungsmusters, sowie eine Beeinflussung von Signaltransduktionskaskaden [7-9]. Interessanterweise wurde gezeigt, dass das transkriptionsaktive Tumorsupressorprotein p53 ein molekularer Angriffspunkt für anorganisches Arsenit ist [10-12], woraus sich Interferenzen mit der Zellzykluskontrolle, tumorsupressiven Regulationsmechanismen und inhibitorische Effekte auf die Induktion der Apoptose ergeben [5]. Ein weiterer wichtiger Punkt, der zur kanzerogenen Wirkung von iAs^{3+} beiträgt, ist deren Metabolisierung zu methylierten und Schwefel-konjugierten

Spezies [13]. Eine Vielzahl an Studien zeigen im Vergleich zu Arsenit deutlich stärkere toxische und genotoxische Effekte für die trivalenten Metaboliten MMA^{III} und DMA^{III} [14, 15] sowie auch für die pentavalente Verbindung Thio-Dimethylarsinate (DMA^{V}) [16, 17], womit der Biomethylierung nicht länger eine detoxifizierende Wirkung zugesprochen werden kann [13]. Obwohl die genauen Wirkmechanismen dieser anorganischen Arsenverbindungen nicht vollständig geklärt sind, wird die Interaktion von Arsenspezies mit Proteinen als eine der Hauptursachen für die Toxizität und Kanzerogenität betrachtet. Durch die direkte Bindung von iAs^{3+} oder den methylierten As-Spezies an kritische vicinale Cysteinreste kann die Aktivität von Enzymen und Proteinen, welche in DNA-Reparaturprozesse, Transkriptionsvorgänge, DNA-Methylierungen, Proliferationsabläufe oder der strukturellen Organisation der Zelle involviert sind, beeinflusst werden [18, 19]. Für die kleinen, Cystein-reichen Proteine der Metallothioneine, welche über ausgeprägte Metallbindungseigenschaften verfügen, gibt es nur wenige Aussagen im Hinblick auf die Aufnahme, Zytotoxizität und Genotoxizität von iAs^{3+}. Anorganisches Arsenit wurde als Induktor der Metallothionexpression, insbesondere der Isoformen *mt1* und *mt2*, in verschiedensten Zelltypen beschrieben [20-22]. Die transkriptionelle Regulation der Metallothioneinexpression durch Arsenit und auch anderer Metalle wie Zn^{2+}, Cd^{2+}, Co^{2+}, Ni^{2+} wird durch den Transkriptionsfaktor MTF-1 gesteuert. Entsprechend dem Modell von He und Ma [23] wird MTF-1 durch direkte Bindung von iAs^{3+}, und nicht wie für andere Metalle gezeigt durch Zink-Austauschreaktionen, aktiviert. Nach Translokation in den Zellkern bindet MTF-1 an multiple Kopien von „metal responsible elements" (MRE) in den Enhancer-Regionen von *mt1* und vermittelt darüber die Genexpression. Eine vollständige Deletion von *mtf-1* in Mäusen [24, 25] oder Mutationen in den C-terminalen Cystein-Clustern [23] unterbinden oder vermindern dramatisch die *mt1*-Genexpression aufgrund der fehlenden Transkriptionsaktivität von MTF-1. Im Hinblick auf iAs^{3+} zeigen einige Studien einen Zusammenhang mit der vermehrten Expression von Metallothioneinen und der erhöhten zellulären Anreicherung von Arsen [26, 27]. Zudem wurde für anorganisches Arsenit sowie auch für MMA^{III} und DMA^{III} eine Bindung an isolierte Metallothioneinmoleküle gezeigt [28, 29]. Mäuse mit genetisch inaktiviertem *mt1* und *mt2* zeigen eine deutlich höhere Sensitivität gegenüber iAs^{3+} [30, 31]. Zelluläre Experimente mit Rattenmyoblasten hingegen weisen eher auf eine untergeordnete Bedeutung der Metallothioneinexpression bei der Arsen-vermittelten Toxizität hin [32]. Bezüglich der verstärkten Synthese von Metallothioneinen in sich schnell teilenden und neoplastischen Zellen [33, 34] wurde eine vermehrter Gehalt an MT1 und MT2 in Tumorbiopsien sowie in malignen Zellen nach Transformation durch Arsen als negativer prognostischer Indikator bewertet [35, 36]. Aufgrund dieser inkonsistenten Datenlage war es das Ziel der vorliegenden Studie, zusammenhängend die Rolle des Transkriptionsfaktors MTF-1 für die Arsenit-induzierte Zytotoxizität und Genotoxizität bei gleichzeitiger Betrachtung der zellulären Arsenaufnahme zu untersuchen. Aufgrund der zentralen Funktion von MTF-1 in der Metall-vermittelten Induktion der Metallothioneinexpression erlaubt es das gewählte Modell, auch die Bedeutung von Metallothioneinen in diesem Zusammenhang zu erfassen.

Materialien und Methoden

Material

Embryonale Mausfibroblasten, profizient (3T3) oder defizient (dko7) in dem Transkriptionsfaktor MTF-1, wurden wie zuvor beschrieben [37] als Monolayer in Zellkulturschalen in DMEM mit 5% fötalem Kälberserum sowie 100 U Penizillin/ml und 100 µg Streptomyzin/ml kultiviert. Logarithmisch wachsende Zellen wurden 24 h mit anorganischem Arsenit (Sigma-Aldrich, 99,999%) behandelt. Um Oxidationsvorgänge zu vermeiden, wurden die Stammlösungen von anorganischem Arsenit in sterilem, bidestilliertem Wasser unmittelbar vor jedem Experiment hergestellt.

Bestimmung der Zytotoxizität

Die Zytotoxizität wurde wie zuvor beschrieben [38] anhand des Einflusses auf die Zellzahl und die Koloniebildungsfähigkeit bestimmt.

Quantifizierung der zellulären Aufnahme von Arsen

Für die Bestimmung des gesamtzellulär aufgenommenen Arsens wurden die embryonalen Mausfibroblasten nach Inkubation mit iAs^{3+} von den Zellkulturschalen abgelöst und mittels Säureaufschluss 65% HNO_3/ 30% H_2O_2 (1/1) bei 95°C für mindestens 12 h verascht. Anschließend erfolgten die Analysen des Gesamt-Arsengehaltes mittels Graphitrohr-Atomabsorptionsspektrometrie (AAnalyst800, Perkin Elmer) und die Quantifizierung mithilfe der Software AA Winlab 32.

Einfluss auf die Metallothionein-Genexpression

Der Effekt von anorganischem Arsenit auf die Expression der Metallothionein-Isoformen *mt1*, *mt2*, *mt3* und *mt4* wurde mittels RT-PCR unter Verwendung eines iCycler, gekoppelt an das iCycler TM IQ Detektionssystem (Biorad), durchgeführt. Zur Berechnung wurde das Effizienz-korrigierte relative Quantifizierungsmodell herangezogen [39].

Nachweis von DNA-Schäden

Um die DNA-schädigende Wirkung erfassen zu können, wurden die embryonalen Mausfibroblasten für 24 h mit anorganischem Arsenit inkubiert und die Menge generierter DNA-Strangbrüche in Abwesenheit oder Anwesenheit von H_2O_2 mittels Alkalischer Entwindung quantifiziert [40].

Ergebnisse

Im Rahmen der vorliegenden Studie sollte die Bedeutung des Transkriptionsfaktors MTF-1 für die Aufnahme, Zytotoxizität und Genotoxizität von anorganischem Arsenit erfasst werden. Hierzu wurde zunächst eine Bestimmung des gesamtzellulär aufgenommenen Arsens nach Inkubation von MTF-1-profizienten (3T3) und -defizienten Mausfibroblasten (dko7) mit iAs^{3+} vorgenommen. Die Ergebnisse zeigen, dass Arsenit innerhalb von

24 h dosisabhängig von den embryonalen Mausfibroblasten aufgenommen wird. Für die 3T3-Zellen konnte bereits bei der Inkubation mit einer vergleichsweise geringen Konzentration von 1 µM iAs^{3+} eine ca. 8fache intrazelluläre Anreicherung von Arsen nachgewiesen werden. Eine weitere Erhöhung der extrazellulären Inkubationskonzentration an iAs^{3+} resultierte in einer Verringerung des Anreicherungsfaktors. Im Vergleich dazu erfolgte in den MTF-1- defizienten Mausfibroblasten eine vergleichsweise geringere Akkumulation von Gesamtarsen. Nach Inkubation mit 1 bis 10 µM iAs^{3+} wurde lediglich eine Verdoppelung des intrazellulären Gesamtarsen-Gehaltes detektiert. Da anorganisches Arsenit mehrfach als Induktor der Metallothioneinsynthese beschrieben ist, wurde zusätzlich die Expression aller vier beschriebenen murinen Metallothioneinisoformen untersucht. iAs^{3+} induzierte dosisabhängig lediglich die Expression von *mt1* und *mt2* in MTF1-WT Zellen. Die MTF-1-defizienten Mausfibroblasten verfügten unab-hängig vom MTF-1 Status über einen basalen Gehalt an *mt1*-Transkript, dessen Menge sich durch die Inkubation mit anorganischem Arsenit aber nicht erhöhte. Eine Expression von *mt2* konnte weder basal noch nach Metallexposition in diesen Zellen nachgewiesen werden. Wurden die zytotoxischen Auswirkungen der Arseninkubation mittels Zellzahl quantifi-ziert, so zeigten beide Zelllinien eine konzentrationsabhängige Reduktion der Zellzahlen gegenüber den Kontrollen. Diese betrug im Mittel für die Linie dko7 zwischen ca. 4% für 1 µM bis 60% für 20 µM anorganisches Arsenit. Die Reduktion der 3T3-Zellzahlen war etwas geringer ausgeprägt, jedoch statistisch nicht signifikant verschieden gegenüber den dko7-Zellen. Auch die Koloniebildungsfähigkeit wurde in beiden Fibroblastenlinien in ähnlichem Ausmaß durch iAs^{3+} reduziert. Bezogen auf die intrazellulär angereicherten Mengen an Arsen jedoch ergaben sich statistisch signifi-kante Unterschiede. Bei vergleichbaren zellulären Arsengehalten reagier-ten die MTF-1-defizienten dko7-Zellen deutlich sensitiver sowohl in Bezug auf Zellzahl als auch Koloniebildungsfähigkeit. Im Hinblick auf genotoxische Effekte wurde zunächst die Menge der durch iAs^{3+} generierten DNA-Strangbrüche bestimmt. Hier zeigte sich, dass es in beide Mausfibroblas-tenzelllinien erst bei der höchsten eingesetzten Inkubationskonzentration von 20 µM iAs^{3+} zur Induktion von DNA-Strangbrüchen kommt. Im Ver-gleich war das Ausmaß der Schädigung jedoch größer in den MTF-1-defizienten Fibroblasten. Erfolgte eine Koinkubation mit Wasserstoff-peroxid, zeigte sich bei den 3T3-Zellen eine synergistische Verstärkung der

Induktion von DNA-Strangbrüchen. Dieser Effekt wurde jedoch nicht bei der MTF-1- defizienten Linie dko7 beobachtet.

Diskussion

In einer Vielzahl von epidemiologischen Studien wird auf das gehäufte Auftreten von Haut-, Nieren-, Lungen- und Harnblasentumoren im Zusammenhang mit der Arsenexposition hingewiesen [1]. Obwohl das Problem der weltweiten Belastung der Bevölkerung durch Arsenverbindungen bekannt ist, sind die für die Toxizität und Kanzerogenität zugrunde liegenden Mechanismen nur unzureichend verstanden. Die in der Literatur beschriebenen Mechanismen weisen vermehrt auf die Induktion und Anhäufung von DNA-Schäden infolge der verstärkten Generierung reaktiver Sauerstoffspezies (ROS) [41] sowie der Hemmung von DNA-Reparaturprozessen hin [42-44]. Hierbei scheint aufgrund der Thiol-affinität von iAs^{3+} und seinen methylierten Metaboliten insbesondere die Interaktion mit Thiolgruppen von Cysteinen, zum Beispiel in Proteinen mit sogenannten „Zinkfingerstrukturen", von Bedeutung zu sein [6, 18]. Im Hinblick auf das in menschlichen Zellen prominenteste metallbindende Protein Metallothionein existieren im Zusammenhang mit der arsen-vermittelten Zytotoxizität nur relativ wenige Daten. Die in der vorliegenden Studie erhaltenen Ergebnisse belegen eine Rolle von Metallothioneinen sowohl für die zelluläre Aufnahmekapazität von anorganischem Arsenit als auch dessen zytotoxische Wirkung. Bezüglich der Aufnahme zeigen die Daten sowohl für die MTF-1-profizienten als auch -defizienten Maus-fibroblasten eine konzentrationsabhängige Aufnahme von iAs^{3+} in die Zelle. Vergleichbare dosisabhängige Effekte wurden zuvor sowohl für humane Lungenkarzinomzellen [43], Urothelzellen und primäre Hepatozyten [45], als auch Hamsterfibroblastenzellen [45, 46] beschrieben. Bezüglich der in dieser Arbeit gewählten Zellmodelle zeigte sich bei Inkubation mit nicht-zytotoxischen Mengen von iAs^{3+} ein signifikant höherer zellulärer Gesamtarsengehalt in den MTF-1-profizienten Mausfibroblasten. Einher-gehend mit dieser Beobachtung wurde in den 3T3-Zellen eine vermehrte Expression der Metallothionein-Isoformen *mt1* und *mt2* beobachtet. Inwieweit die intrazelluläre Bindung des aufgenommenen Arsens an die

Metallothioneinmoleküle oder ein Transfer an weitere zelluläre thiolhaltige Moleküle eine Rolle spielt, muss zukünftig geklärt werden. Untersuchungen mit isolierten Proteinen zeigen sowohl die Bindung von iAs^{3+} an als auch die Translokation zwischen isolierten Metallothioneinmolekülen via Protein-Protein-Interaktionen [29]. Interessanterweise ergab sich bei den 3T3-Zellen mit zunehmender Konzentration an iAs^{3+} im Inkubationsmedium eine deutliche Abnahme der relativen Aufnahme der Arsenverbindungen, was auf einer Inhibierung der Aufnahme oder einer erhöhten Effluxrate beruhen könnte [45]. Zunehmend diskutiert wird dabei, dass iAs^{3+} unter Beteiligung von Glutathion als As(GSH)$_3$-Komplexe aus Zellen exportiert wird [13]. Für MTF-1 wurde gezeigt, dass dieses Protein neben seiner Rolle in der Metallothioneingenexpression auch essentiell für die Transkription der für die schwere Kette der γ-Glutamyl-cysteinsynthase (γ-GCS(hc)) kodierenden Gene ist [47, 48]. Inwiefern sich das Fehlen dieses Schlüsselenzyms auf die zelluläre Synthese von GSH in den dko7 Zellen und damit gegebenenfalls auch auf den Export von Arsenspezies aus diesen Fibroblasten aus wirkt, muss zukünftig geklärt werden. In Bezug auf die genotoxischen Eigenschaften wurden in beiden murinen Zelllinien erst bei der höchsten eingesetzten Inkubationskonzentration von iAs^{3+} DNA-Strangbrüche beobachtet, in Übereinstimmung mit Daten von Schwerdtle et al. [38]. Erfolgte eine Koinkubation mit H$_2$O$_2$ so zeigte sich für die 3T3-Zellen eine synergistische Erhöhung der DNA-Strangbruchraten. Dieser Effekt wurde jedoch nur bei den MTF-1 profizienten Fibroblasten beobachtet. Zu klären ist einerseits, ob MTF-1 nach Inkubation mit iAs^{3+} regulatorisch in die antioxidativen Abwehrmechanismen der Zelle eingreift und somit die Entgiftung von Wasserstoffperoxid beeinträchtigt. Des Weiteren muss die Rolle des Transkriptionsfaktors und somit auch die des Metallothioneins im Hinblick auf DNA-Reparaturprozesse und andere an der Prozessierung von DNA-Schäden beteiligte Reaktionen nach Inkubation mit anorganischem Arsenit geklärt werden. Eine Bindung sowohl von iAs^{3+} als auch von methylierten Arsenspezies und eine daraus resultierende Inaktivierung wurde sowohl für metabolische Enzyme [15] als auch für Proteine mit essentieller Funktion in DNA-Reparaturprozessen, Transkriptionsvorgänge und der strukturellen Organisation der Zelle [18, 19] beschrieben. Die Rolle von MTF-1 sowie auch von Metallothionein in diesem Zusammenhang ist zum jetzigen Zeitpunkt nur ungenügend geklärt und bedarf weiterer Untersuchungen.

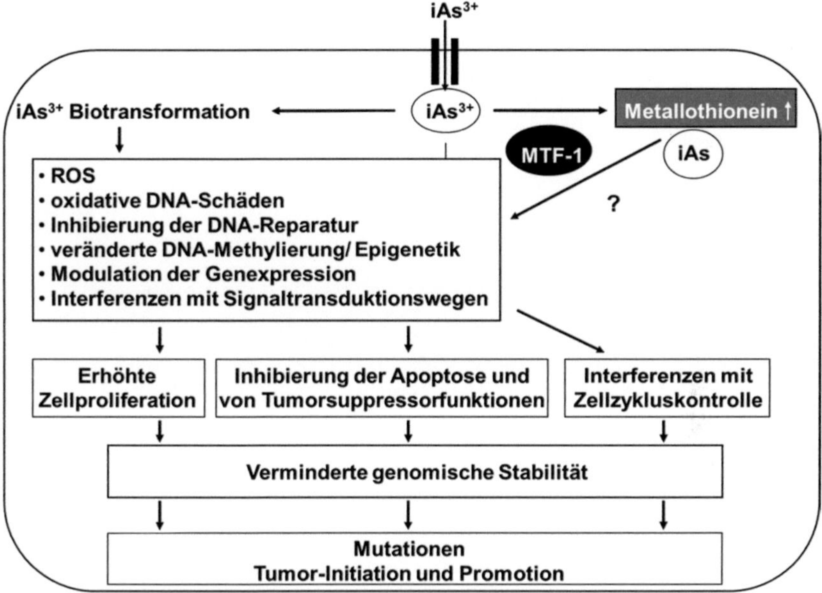

Abbildung 1: Mechanismen der Arsenit-induzierten Kanzerogenese und die mögliche Rolle von Metallothionein.

Literatur

[1]   IARC: A Review of Human Carcinogens: Part C Arsenic, Metals, Fibres and Dusts. (2012), IARC Monographs, Volume 100, IARC Lyon, FR, 196-211.

[2]   Dopp, E., Kligerman, AD., Diaz-Bone, RA. (2010) Organoarsenicals. Uptake, metabolism, and toxicity. Met Ions Life Sci 7: 231-65.

[3]   Tseng, CH. (2007) Metabolism of inorganic arsenic and non-cancerous health hazards associated with chronic exposure in humans. J Environ Biol 28(2 Suppl): 349-57.

[4]   EFSA Panel on Contaminants in the Food Chain (CONTAM); Scientific Opinion on Arsenic in Food (2009) EFSA Journal 7(10): 1351.

[5]   Rossman TG. (2003) Mechanism of arsenic carcinogenesis: an integrated approach. Mutat Res. 533(1-2): 37-65.

[6]   Hartwig, A. & Schwerdtle T. (2009), Arsenic-induced carcinogenicity: New insights in molecular mechanisms, in: Metal Complex-DNA Interactions., N. Hadjiliadis, E. Sletten (Eds.), Wiley, West Sussex, United Kingdom, 491 – 510.

[7]   Huang, C., Ke, Q., Costa, M., Shi, X. (2004) Molecular mechanisms of arsenic carcinogenesis. Mol Cell Biochem. 255(1-2): 57-66.

[8]   Durham, TR. & Snow, ET. (2006) Metal ions and carcinogenesis. EXS. (96): 97-130

[9]   Hartwig, A. (2013) Metal interaction with redox regulation: an integrating concept in metal carcinogenesis? Free Radic Biol Med 55: 63-72.

[10]   Hamadeh, HK., Vargas, M., Lee, E., Menzel, DB. (1999) Arsenic disrupts cellular levels of p53 and mdm2: a potential mechanism of carcinogenesis. Biochem Biophys Res Commun 263(2): 446-9.

[11]   Tang, F., Liu, G., He, Z., Ma, WY., Bode, AM., Dong, Z. (2006) Arsenite inhibits p53 phosphorylation, DNA binding activity, and p53 target gene p21 expression in mouse epidermal JB6 cells. Mol Carcinog 45(11): 861-70.

[12]   Chai, CY., Huang, YC., Hung, WC., Kang, WY., Chen, WT. (2007) Arsenic salt-induced DNA damage and expression of mutant p53 and COX-2 proteins in SV-40 immortalized human uroepithelial cells. Mutagenesis 22(6): 403-8.

[13]   Watanabe, T. & Hirano, S. (2012) Metabolism of arsenic and its toxicological relevance. Arch Toxicol. Epub ahead of print

[14]   Styblo, M., Del Razo, LM., Vega, L., Germolec, DR., LeCluyse, EL., Hamilton, GA., Reed, W., Wang, C., Cullen, WR., Thomas, DJ. (2000) Comparative toxicity of trivalent and pentavalent inorganic and methylated arsenicals in rat and human cells. Arch Toxicol. 74(6): 289-99.

[15]   Petrick, JS., Ayala-Fierro, F., Cullen, WR., Carter, DE., Vasken Aposhian, H. (2000) Monomethylarsonous acid (MMA(III)) is more toxic than arsenite in Chang human hepatocytes. Toxicol Appl Pharmacol. 163(2): 203-7.

[16]   Ochi, T., Kita, K., Suzuki, T., Rumpler, A., Goessler, W., Francesconi, KA. (2008) Cytotoxic, genotoxic and cell-cycle disruptive effects of thio-dimethylarsinate in cultured human cells and the role of glutathione. Toxicol Appl Pharmacol 228(1): 59-67.

[17]   Bartel, M., Ebert, F., Leffers, L., Karst, U., Schwerdtle, T. (2011) Toxicological Characterization of the Inorganic and Organic Arsenic Metabolite Thio-DMA in Cultured Human Lung Cells. J Toxicol 2011:373141. doi: 10.1155/2011/373141.

[18]   Piatek, K., Schwerdtle, T., Hartwig, A., Bal, W. (2008) Monomethylarsonous acid destroys a tetrathiolate zinc finger much more efficiently than inorganic arsenite: mechanistic considerations and consequences for DNA repair inhibition. Chem Res Toxicol 21(3): 600-6.

[19]   Kitchin, KT. & Wallace, K. (2008) The role of protein binding of trivalent arsenicals in arsenic carcinogenesis and toxicity. J Inorg Biochem 102(3): 532-9.

[20]   Kreppel, H., Bauman, JW., Liu, J., McKim, J.M. Jr., Klaassen, CD. (1993) Induction of metallothionein by arsenicals in mice. Fundam Appl Toxicol 20(2): 184-9.

[21]   Liu, J., Kadiiska, MB., Liu, Y., Lu, T., Qu, W., Waalkes, MP. (2001) Stress-related gene expression in mice treated with inorganic arsenicals. Toxicol Sci 61(2): 314-20.

[22]   Ruiz-Ramos, R., López-Carrillo, L., Albores, A., Hernández-Ramírez, RU., Cebrian, ME. (2009) Sodium arsenite alters cell cycle and MTHFR, MT1/2, and c-Myc protein levels in MCF-7 cells. Toxicol Appl Pharmacol 241(3): 269-74.

[23]   He, X. & Ma, Q.J (2009) Induction of metallothionein I by arsenic via metal-activated transcription factor 1: critical role of C-terminal cysteine residues in arsenic sensing. J Biol Chem 284(19): 12609-21.

[24]   Heuchel, R., Radtke, F., Georgiev, O., Stark, G., Aguet, M., Schaffner, W. (1994) The transcription factor MTF-1 is essential for basal and heavy metal-induced metallothionein gene expression. EMBO J 13(12): 2870-5.

[25]   Solis, WA., Childs, NL., Weedon, MN., He, L., Nebert, DW., Dalton, TP. (2002) Retrovirally expressed metal response element-binding transcription factor-1 normalizes metallothionein-1 gene expression and protects cells against zinc, but not cadmium, toxicity. Toxicol Appl Pharmacol 178(2): 93-101.

[26]   Suzuki, T., Ohata, S., Togawa, T., Himeno, S., Tanabe, S. (2007) Arsenic accumulation decreased in metallothionein null Cisplatin-resistant cell lines. J Toxicol Sci 32(3): 321-8.

[27]   Cui, X., Okayasu, R. (2008) Arsenic accumulation, elimination, and interaction with copper, zinc and manganese in liver and kidney of rats. Food Chem Toxicol 46(12): 3646-50.

[28]   Jiang, G., Gong, Z., Li, XF., Cullen, WR., Le, XC. (2003) Interaction of trivalent arsenicals with metallothionein. Chem Res Toxicol 16(7): 873-80.

[29]   Ngu TT, Dryden MD, Stillman MJ. (2010) Arsenic transfer between metallothionein proteins at physiological pH. Biochem Biophys Res Commun 401(1): 69-74.

[30]   Liu, J., Liu, Y., Goyer, RA., Achanzar, W., Waalkes, MP. (2000) Metallothionein-I/II null mice are more sensitive than wild-type mice to the hepatotoxic and nephrotoxic effects of chronic oral or injected inorganic arsenicals. Toxicol Sci 55(2): 460-7.

[31]   Park, JD., Liu, Y., Klaassen, CD. (2001) Protective effect of metallothionein against the toxicity of cadmium and other metals(1) Toxicology 163(2-3): 93-100.

[32]   Shimizu, M., Hochadel, JF., Fulmer, BA., Waalkes, MP. (2001) Effect of glutathione depletion and metallothionein gene expression on arsenic-induced cytotoxicity and c-myc expression in vitro. Toxicol Sci 45(2): 204-11.

[33]   Cherian, MG., Huang, PC., Klaassen, CD., Liu, YP., Longfellow, DG., Waalkes, MP. (1993) National Cancer Institute workshop on the possible roles of metallothionein in carcinogenesis. Cancer Res 53(4): 922-5.

[34]   Nagel, WW. & Vallee, BL. (1995) Cell cycle regulation of metallothionein in human colonic cancer cells. Proc Natl Acad Sci U S A 92(2): 579-83.

[35]   Zhao, CQ., Young, MR., Diwan, BA., Coogan, TP., Waalkes, MP. (1997) Association of arsenic-induced malignant transformation with DNA hypo-methylation and aberrant gene expression. Proc Natl Acad Sci U S A 94(20): 10907-12.

[36]   Zhou, XD., Sens, DA., Sens, MA., Namburi, VB., Singh, RK., Garrett, SH., Somji, S. (2006) Metallothionein-1 and -2 expression in cadmium- or arsenic-derived human malignant urothelial cells and tumor heterotrans-plants and as a prognostic indicator in human bladder cancer. Toxicol Sci 91(2): 467-75.

[37]   Radtke, F., Georgiev, O., Müller, HP., Brugnera, E., Schaffner, W. (1995) Functional domains of the heavy metal-responsive transcription regulator MTF-1. Nucleic Acids Res 23(12): 2277-86.

[38]   Schwerdtle, T., Walter, I., Mackiw, I., Hartwig A. (2003) Induction of oxidative DNA damage by arsenite and its trivalent and pentavalent methylated metabolites in cultured human cells and isolated DNA. Carcinogenesis 24(5): 967-74.

[39]   Pfaffl MW. (2001) A new mathematical model for relative quantification in real-time RT-PCR. Nucleic Acids Res 29(9): e45.

[40]   Hartwig, A., Dally, H., Schlepegrell, R. (1996) Sensitive analysis of oxidative DNA damage in mammalian cells: use of the bacterial Fpg protein in combination with alkaline unwinding. Toxicology Letters 88: 85-90.

[41]   Flora SJ. (2011) Arsenic-induced oxidative stress and its reversibility. Free Radic Biol Med 51(2): 257-81.

[42]   Nollen, M., Ebert, F., Moser, J., Mullenders, LH., Hartwig, A. , Schwerdtle T. (2009) Impact of arsenic on nucleotide excision repair: XPC function, protein level, and gene expression. Mol Nutr Food Res 53(5): 572-82.

[43]   Ebert, F., Weiss, A., Bültemeyer, M., Hamann, I., Hartwig, A., Schwerdtle, T. (2011) Arsenicals affect base excision repair by several mechanisms. Mutat Res 715(1-2): 32-41.

[44]   Wnek, SM., Kuhlman, CL., Camarillo, JM., Medeiros, MK., Liu, KJ., Lau, SS., Gandolfi, AJ. (2011) Interdependent genotoxic mechanisms of monomethylarsonous acid: role of ROS-induced DNA damage and poly(ADP-ribose) polymerase-1 inhibition in the malignant transformation of urothelial cells. Toxicol Appl Pharmacol 257(1): 1-13.

[45]   Dopp, E., von Recklinghausen, U., Diaz-Bone, R., Hirner, AV., Rettenmeier, AW. (2010) Cellular uptake, subcellular distribution and toxicity of arsenic compounds in methylating and non-methylating cells. Environ Res 110(5): 435-42.

[46]   Dopp, E., Hartmann, LM., von Recklinghausen, U., Florea, AM., Rabieh, S., Zimmermann, U., Shokouhi, B., Yadav, S., Hirner, AV., Rettenmeier, AW. (2005) Forced uptake of trivalent and pentavalent methylated and inorganic arsenic and its cyto-/genotoxicity in fibroblasts and hepatoma cells. Toxicol Sci 87(1): 46-56.

[47]   Günes, C., Heuchel, R., Georgiev, O., Müller, KH., Lichtlen, P., Blüthmann, H., Marino, S., Aguzzi, A., Schaffner, W. (1998) Embryonic lethality and liver degeneration in mice lacking the metal-responsive transcriptional activator MTF-1. EMBO J 17(10): 2846-54.

[48]   Lichtlen, P., Wang, Y., Belser, T., Georgiev, O., Certa, U., Sack, R., Schaffner, W. (2001) Target gene search for the metal-responsive transcription factor MTF-1. Nucleic Acids Res 29(7): 1514-23.

Zytotoxische und genotoxische Effekte von Cu(II)-Melanoidin Komplexen

Claudia Keil[1,2], Bettina Cämmerer[1], Michael Koch[1], Ines Laube[1], Lothar W. Kroh[1], Andrea Hartwig[2]

[1]*Technische Universität Berlin, Institut für Lebensmitteltechnologie und Lebensmittelchemie, Fachgebiet Lebensmittelanalytik, TIB 4/3-1,Gustav-Meyer-Allee 25, 13355 Berlin*

Email: lothar.kroh@tu-berlin.de

[2]*Karlsruher Institut für Technologie (KIT), Abteilung für Lebensmittelchemie und Toxikologie, Adenauerring 20 a (Geb. 50.41), 76131 Karlsruhe*

Email: andrea.hartwig@kit.edu, claudia.keil@kit.edu

Schlüsselwörter: Melanoidin; Kupfer; Redoxstatus; DNA-Schädigung; Genexpressionsmuster

Kurztitel: Wirkungen von Cu(II)-Melanoidin Komplexen

Abstract

Bei Melanoidinen handelt es sich um hochmolekulare Verbindungen, die durch die Reaktion von Aminokomponenten mit reduzierenden Zuckern in der Endphase der Maillard-Reaktion gebildet werden und Bestandteil zahlreicher thermisch behandelter Lebensmittel sind. Diese Substanzen besitzen verschiedenste physiologische Effekte; hierbei standen bislang vor allem ihre antioxidativen Eigenschaften und deren zugrunde liegenden Mechanismen im Fokus des Interesses. Aktuelle Studien weisen allerdings darauf hin, dass Melanoidine, insbesondere nach Bindung von redoxaktiven Metallionen, auch prooxidative Effekte vermitteln. Ziel der vorliegenden Studie war es, den Einfluss von Kupferionen-Komplexierung durch Melanoidine auf die Zytotoxizität und die Induktion von DNA-Schäden in der humanen Kolonkarzinomzellinie HCT-116 zu beurteilen. Nach Inkubation mit reinen D-Glc/L-Ala-Melanoidinen war kein signifikanter Anstieg an Schäden in der genomischen DNA nachweisbar. Auch die Viabilität der Kolonzellen blieb unter Verwendung lebensmittelrelevanter Konzentrationen an reinen Melanoidinen unbeeinflusst. Hingegen resultierte die Inkubation mit Cu(II)-beladenen Melanoidinen in einer deutlichen Induktion von DNA-Strangbrüchen, verbunden mit der vermehrten Expression des Stress-Response-Gens Metallothionein 2A sowie Cytochrom p450 1A1. Einhergehend zeigte sich eine verminderte metabolische Aktivität und verringerte Fähigkeit zur Koloniebildung der HCT116-Zellen nach einer Inkubation mit den Cu(II)-Melanoidin-Komplexen. Des Weiteren konnte in *in-vitro* Experimenten mit isolierten Nukleinsäuremolekülen eine direkte DNA-schädigende Wirkung der Cu(II)-beladenen Melanoidine gezeigt werden. Zusammenfassend legen diese Befunde nahe, dass ernährungsrelevante Melanoidine neben ihren antioxidativen Eigenschaften im Lebensmittel insbesondere nach Komplexierung von redoxaktiven Metallionen im zellulären System auch prooxidative Eigenschaften besitzen. Weitere Untersuchungen sind notwendig, um die dafür zugrundeliegenden Mechanismen zu klären und zudem die zellulären Auswirkungen einer längerfristigen Exposition mit Cu(II)-Melanoidin-Komplexe zu erfassen.

Einleitung

Melanoidine entstehen als Endprodukte der Maillard-Reaktion, die besonders bei der hitzeinduzierten Be- und Verarbeitung sowie bei der Lagerung von Lebensmitteln abläuft. Ausgangsstoffe sind reduzierende Kohlenhydrate wie Mono-, Di- oder Oligosaccharide, aber auch Polysaccharide wie Stärke oder Zuckerabbauprodukte mit Carbonylgruppen wie Glyoxal oder Furfural sind denkbar. Als Aminokomponente fungieren neben freien Aminosäuren vor allem Proteine, die in ihren Seitenketten freie Aminofunktionen enthalten. Über Amadoriprodukte reagieren sie zu α-Dicarbonylverbindungen, die als Schlüsselintermediate der Maillard

Reaktion gelten. Abhängig von den Ausgangsstoffen und den Reaktions-
bedingungen werden im weiteren Verlauf der Reaktion eine Vielzahl von
erwünschten (z. B. Aromastoffe), aber auch unerwünschten Verbindungen
(z. B. heterozyclische aromatische Amine, Acrylamid) gebildet (Abbildung
1) [1, 2]. Melanoidine stellen die tief braun gefärbten höher- bis hoch-
molekularen Endprodukte der Maillard Reaktion dar. In vielen Lebensmitteln wie Kaffee, Brot und gerösteten Nüssen sind diese Stoffe in teilweise hohen Konzentrationen enthalten (bis zu 30% in Kaffee) [3, 4].
Obwohl ihre Struktur noch weitgehend unbekannt ist - bisher konnten nur
einige Inkremente analysiert werden – wurden (oder sind untersucht
worden) besonders die antioxidativen Eigenschaften der Melanoidine
intensiv untersucht [5]. Zur Quantifizierung der antioxidativen Aktivität
stehen verschiedene *in-vitro* Methoden zur Verfügung [6, 7]. Allerdings
sind deren Ergebnisse nicht immer kompatibel. Zur Erklärung der antioxidativen Aktivität der Melanoidine werden verschiedene Mechanismen
herangezogen. So sind Melanoidine in der Lage, freie Radikale, ROS oder
auch Sauerstoffmoleküle abzufangen, aber auch die Fähigkeit zur Chelatisierung von Metallionen trägt zu den antioxidativen Eigenschaften im
Lebensmittel bei [8, 9, 10]. Vom physiologischen Standpunkt aus ergeben
sich allerdings deutlich weiterreichende Konsequenzen. So wird z.B. die
antimikrobielle Wirkung von Kaffee- und anderen Melanoidinen gegenüber
verschiedenen pathogenen Bakterien auf eine irreversible Schädigung der
Zellmembran durch die Komplexierung von essentiellen Metallionen
zurückgeführt [11]. Auch für die Inaktivierung bestimmter Enzyme werden
Chelatisierungseffekte durch Melanoidine postuliert [12]. Durch die
Beeinflussung von Löslichkeit und Absorptionscharakteristik kann zudem
die Bioverfügbarkeit von Metallionen verändert werden, was einerseits zu
einer Beeinträchtigung der Aufnahme essentieller Spurenelemente, zur
modifizierten Anreicherung in bestimmten Geweben, aber auch zur
verstärkten Ausscheidung führen kann (Abbildung 2) [13, 14]. Die hierzu
publizierten Ergebnisse sind allerdings widersprüchlich. Eine Vielzahl
von Veröffentlichungen befasst sich mit Untersuchungen zu mutagenen
oder genotoxischen Eigenschaften von Melanoidinen in subzellulären Testsystemen, in denen speziell für hochmolekulare Melanoidine keine Aktivität nachgewiesen wurde [15, 16]. Ziel unserer Arbeit war es zu untersuchen, wie sich die im Lebensmittel und in subzellulären Testsystemen
nachgewiesenen antioxidativen Eigenschaften der Melanoidine in Zell-

systemen auswirken und welchen Einfluss hierbei eine Chelatisierung von Metallionen auf den Redoxstatus von Zellen hat.

Material und Methoden

Zellmodell

Als Zellmodell wurden humane HCT116-Kolonkarzinomzellen verwendet [17]. Die Kultivierung der Zellen erfolgte als Monolayer in Zellkulturschalen bei 37°C, 5% CO_2 und 100% Luftfeuchtigkeit. Die Inkubation der Zellen erfolgte mit den jeweiligen präparierten Melanoidinen oder $CuSO_4 \cdot 7\ H_2O$ (Sigma-Aldrich, 99,999%) für 24 h.

Herstellung und Charakterisierung der Melanoidine

Zur Herstellung der Melanoidine wurde D-Glc und L-Ala in äquimolaren Mengen gemischt und für 20 min bei 170°C im Trockenen erhitzt [18]. Nach einer Dialyse (MWCO 12-14 kDa) gegen destilliertes Wasser oder $CuSO_4$ wurden ungebundene Metalle mittels Ultrafiltration (MWCO 3 kDa) entfernt. Die Lagerung der gefriergetrockneten Melanoidine erfolgte in einem Exsikkator im Dunkeln. Die Charakterisierung der Melanoidine wurde im Hinblick auf ihre antioxidativen und reduzierenden Eigenschaften mittels TEAC-Assay und der Phenanthroline-Methode durchgeführt. Der Gehalt an Metallen wurde durch Graphitrohr-Atomabsorptionsspektroskopie mittels externer Kalibrierung bestimmt [19].

Bestimmung der zytotoxischen Parameter

Die Bestimmung der zytotoxischen Parameter erfolgte anhand der Erfassung der Zellzahl und der Koloniebildungsfähigkeit [20].

Induktion von DNA-Strangbrüchen in kultivierten Zellen

HCT116-Zellen wurden nach einer Adhärensphase für 24 h mit den jeweiligen Melanoidinen, Cu-Melanoidin-Komplexen bzw. $CuSO_4$ vorinkubiert und anschließend ggf. für 5 min. mit H_2O_2 koinkubiert. Das Ausmaß an DNA-Einzelstrangbrüchen wurde mittels Alkalischer Entwindung (AU) quantifiziert [21].

Induktion von DNA-Strangbrüchen an isolierter DNA

Zur Erfassung der DNA-schädigenden Wirkung an isolierter DNA wurde der PM2-Assay genutzt [22]. Hierfür wurde die isolierte PM2-Phagen-DNA für 1 h mit den jeweiligen Melanoidinen, Cu-Melanoidin-Komplexen bzw. $CuSO_4$ inkubiert. Nach einer anschließenden Trennung von intakter superspiralisierter und geschädigter zirkulärer DNA mittels Agarose-Gelelektrophorese und Detektion durch Ethidiumbromidfärbung erfolgte die Kalkulation der generierten DNA-Strangbrüche.

Genexpressionsanalysen

Die Genexpressionsanalysen wurden mittels Real-Time-PCR unter Verwendung des SYBR Green RT-PCR Systems durchgeführt. Als Zielgene wurden Cytochrom p450 1A1 (cyp1A1), γ-Glutamylcystein-Ligase (gclc) Glutathion Reduktase (gsr) sowie Metallothionein 2A (mt2A) gewählt. Zur Berechnung wurde das Effizienz-korrigierte relative Quantifizierungsmodell herangezogen [23].

Ergebnisse

Ziel unserer Arbeiten war es zu untersuchen, wie sich eine Komplexierung von Metallionen auf die antioxidativen Eigenschaften der Melanoidine auswirkt und welche Effekte dadurch an isolierten Nukleinsäuremolekülen und zellulärer DNA hervorgerufen werden. Hierzu wurden zunächst Maillard-Produkte mittels trockener Bräunung aus D-Glukose und L-Alanin als Aminokomponente hergestellt. Durch anschließende Dialyse gegen destilliertes Wasser konnte die hochmolekulare Melanoidin-Fraktion gewonnen werden. Eine Dialyse gegen $CuSO_4$ erlaubte die Generierung von Kupfer-Melanoidin-Komplexen mit einer Absättigung von 106 mg Cu-Ionen/g Melanoidin-Cu-Komplex, bestimmt durch Graphitrohr-Atomabsorptionsspektroskopie. Wurden die gewonnenen Melanoidine mittels TEAC-Assay und Phenanthrolin-Assay untersucht, zeigte sich das stärkste antioxidative Potential bei den Melanoidinen ohne Metallbeladung. Eine Komplexierung mit Cu(II)-Ionen resultierte in einer deutlichen Verringerung dieser Kapazität. Für die Cu(II)-Ionen wurden keine reduzierenden Eigenschaften detektiert. Die Untersuchungen im Rahmen der zellbasierten Zytotoxizitätstest ergaben für die reinen Melanoidine unter Verwendung ernährungsmittelrelevanter Konzentrationen keine negativen Einflüsse. Hingegen zeigten der Cu(II)-Melanoidin-Komplex und $CuSO_4$ sowohl im Hinblick auf die Viabilität als auch die Koloniebildungsfähigkeit der HCT116-Zellen deutlich adverse Effekte. Begleitend dazu wurde eine signifikant erhöhte Expression von Stress-Response Genen wie Cytochrom p450 1A1 (cyp1A1) beobachtet, wohingegen die für die γ-Glutamylcystein-Ligase (gclc) und Glutathion Reductase (gsr) kodierenden Gene nur geringfügig beeinflusst waren. Des Weiteren waren signifikant erhöhte Mengen von *mt2A*-Transkripten in HCT-116 Zellen nach Inkubation mit Cu(II)-Komplex und $CuSO_4$ nachweisbar, vermutlich als Schutzmechanismus vor weiterer zellulärer Schädigung. Als ein mögliches zelluläres Target wurde anschließend die genomische DNA auf ihre Schädigung nach Inkubation mit Melanoidin-Komplexen mit und ohne gebundenen redoxaktiven Metallionen untersucht. Im zellulären System resultierte die Inkubation mit reinen Melanoidinen nur in einer geringfügigen Induktion von DNA-Schäden. Im Falle der Cu(II)-Melanoidin-Komplexe hingegen wurden bereits bei Verwendung geringer nicht-zytotoxischer Konzentrationen erhebliche Mengen an DNA-Strangbrüchen in den HCT116-Zellen beobachtet, deren Anzahl sich unter prooxidativen Bedingungen noch weiter erhöhte. Des Weiteren wurde auch an der isolierten PM2-Phagen-Nukleinsäure eine DNA-schädigende Wirkung der Cu(II)-Melanoidin-Komplexe beobachtet.

Diskussion

Kupfer ist für die meisten Lebewesen ein essentielles Spurenelement und muss daher in geringen Mengen mit der täglichen Nahrung aufgenommen werden. Der menschliche Körper enthält ca. 1,4 bis 2,1 mg pro Kilogramm Körpermaße. Man geht von einem täglichen Kupferbedarf von 1 bis 3 Milligramm aus, der durch eine ausgewogene und abwechslungsreiche Ernährung in der Regel vollständig sichergestellt ist [24]. Die Essentialität ergibt sich aufgrund seiner Funktion als Cofaktor für Enzyme, welche unter anderem in der Eisenhomöostase sowie antioxidativen zellulären Schutz-mechanismen involviert sind [25]. Ähnlich wie Kupfermangel kann allerdings auch eine exzessive Zufuhr von Kupfer aufgrund einer Überlastung des antioxidativ wirksamen Zellsystems zu oxidativem Stress und nachfolgend zu Gewebeschäden führen. Freie Kupferionen oder niedermolekulare Kupfer-Komplexe katalysieren Fenton-artige Reaktionen und erzeugen so Hydroxyl-Radikale, die eine oxidative Schädigung von Makromolekülen wie Lipiden, Proteinen und Nukleinsäuren bewirken [26].

In Übereinstimmung mit anderen Studien [4, 27, 28] zeigen unsere Untersuchungen, dass Melanoidine als wesentlicher Bestandteil von thermisch prozessierten Lebensmitteln in der Lage sind, Kupfer-Ionen in großen Mengen zu komplexieren. Die Bindung der Metalle resultiert in einer deutlichen Verringerung der antioxidativen und radikalfangenden Eigenschaften der Melanoidine, vermutlich aufgrund der Blockierung der dafür zugrundeliegenden funktionellen Gruppen. Im Hinblick auf die biologischen Auswirkungen zeigte sich, dass die reinen Melanoidine in isolierten Nukleinsäuremolekülen geringfügig DNA-Schäden induzieren, möglicherweise begründet durch kleine Mengen an H_2O_2, die durch die Maillard-Produkte in Gegenwart von Sauersoff generiert werden [29]. Die Viabilität der humanen Kolonkarzinomzellen wurde, wie bereits für andere Maillard-Modelle gezeigt [4], unter ernährungsrelevanten Konzentrationen nicht beeinflusst. Nach Bindung der redoxaktiven Kupfer-Ionen hingegen zeigte sich ein deutlich prooxidatives Potential, verbunden mit der Induktion von DNA-Schäden sowohl in der isolierten PM2-Phagen-DNA als auch in kultivierten HCT116-Zellen. Für Cu(II)-Ionen wurde bei den entsprechenden Konzentrationen eine nur marginale Induktion von DNA-Einzelstrangbrüchen beobachtet. Zum jetzigen Zeitpunkt sind die exakten

Mechanismen der Kupferbindung durch die Melanoidine nur unvollständig verstanden. Da Cu(II)-Ionen keine Fenton-Reaktion katalyiseren können, müssen die gezeigten prooxidativen Effekte der Komplexierung der Kupfer-Ionen durch die Melanoidine zugeschrieben werden. Deren verbleibende Reduktionsfähigkeit könnte die Umwandlung von Cu^{2+} zu redoxaktiven Cu^{+}-Ionen initiieren. Daran anschließende Redoxzyklen und die daraus resultierenden reaktiven Sauerstoffspezies sind als ein wesentlicher Mediator für die durch Kupfer-Melanoidine generierten DNA-Strangbrüche vorstellbar [19]. In weiteren Untersuchungen sollen die für die Erzeugung von ROS zugrundeliegenden Mechanismen geklärt und zudem die zellulären Auswirkungen einer langfristigen Exposition mit Metall-Melanoidin-Komplexen erfasst werden.

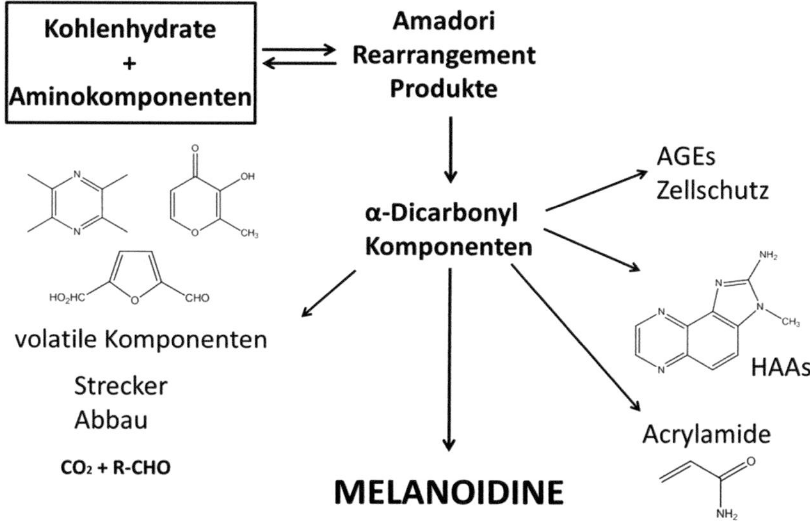

Abbildung 1: Übersicht zur Maillard-Reaktion.
AGE: Advanced glycation end products; HAA: Heterocyclic Aromatic Amine; R-CHO: Strecker aldehydes

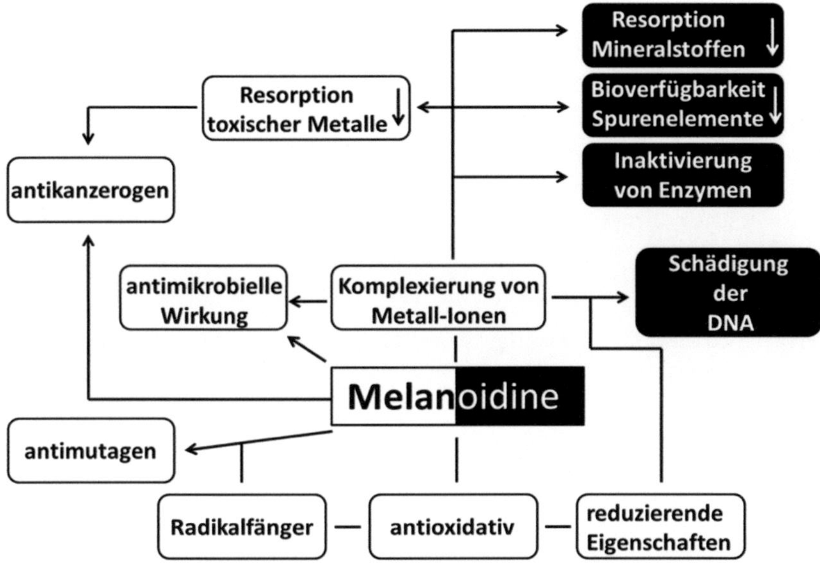

Abbildung 2: Eigenschaften und postulierte biologische Wirkungen von Melanoidinen.

Literatur

[1]   Summa, C. A., de la Calle, B., Brohee, M., Stadler, R. H., Anklam, E. (2007) Impact of the roasting degree of coffee on the in vitro radical scavenging capacity and content of acrylamide. LWT - Food Sci Techn 40:1849-1854.

[2]   Montavon, P., Duruz, E., Rumo, G., Pratz G. (2003) Evolution of Green Coffee Protein Profiles with Maturation and Realtionship to Coffee Cup Quality. J Agric Food Chem 51: 2328-2334.

[3]   Fogliano V., Morales FJ. (2011) Estimation of dietary intake of melanoidins from coffee and bread. Food Funct 2:117-23.

[4]   Morales FJ., Somoza V., Fogliano V. (2012) Physiological relevance of dietary melanoidins. Amino Acids 42:1097-109.

[5]   Moreira AS., Nunes FM., Domingues MR., Coimbra MA. (2012) Coffee melanoidins: structures, mechanisms of formation and potential health impacts. Food Funct 3: 903-15.

[6]   Antolovich, M., Prenzler, P. D., Patsalides, E., McDonald, S., Robards, K. (2002) Methods for testing antioxidant activity. Analyst 127: 183–198.

[7]   Huang, D., Ou, B., Prior, L. R. (2005) The chemistry behind antioxidant capacity assays. J Agr Food Chem 53: 1841-1856.

[8]   Morales, F. J., Jimenez-Perez, S. (2004) Peroxyl radical scavenging activity of melanoidins in aqueous systems. Eur Food Res Technol. 218: 515–520.

[9]   Nicoli, M. C., Toniolo, R., Anese, M. (2004) Relationship between redox potential and chain-breaking activity of model systems and foods. Food Chemistry 88: 79–83.

[10]   Hayase, F. (1995) Scavenging of active oxygen by melanoidins. The Maillard reaction - consequences for the chemical and life science, ed. R. Ikan, J Wiley & sons Ltd., New York (1995) 89-104.

[11]   Rufián-Henares, JA., de la Cueva, SP. (2009) Antimicrobial activity of coffee melanoidins-a study of their metal-chelating properties. J Agric Food Chem 8:432-8.

[12]   Maillard, M.-N., Billaud, C., Chow, Y.-N., Ordonaud, C., Nicolas, J. (2007) Free radical scavenging, inhibition of Polyphenoloxidase activity and copper chelating properties of model Maillard systems. LWT - Food Sci Techn 40: 1434-1444.

[13]   Delgado-Andrade, C., Seiquer, I., Navarro, M.P. (2002) Copper metabolism in rats fed diets containing Maillard reaction products. J Food Sci 67: 855-860.

[14]   Delgado-Andrade, C., Seiquer, I., Pilar Navarro, M.P. (2004) Bioavailability of iron from a heat treated glucose-lysine model food system: assays in rats and in Caco-2 cells. J Sci Food Agricul 84: 1507-1513.

[15]   Taylor, JL., Demyttenaere, JC., Abbaspour, T. K., Olave CA., Regniers, L., Verschaeve, L., Maes, A., Elgorashi, EE., van Staden, J., de Kimpe, N. (2004) Genotoxicity of melanoidin fractions derived from a standard glucose/glycine model. J Agric Food Chem 28:318-23.

[16]   Glösl, S., Wagner, KH., Draxler, A., Kaniak, M., Lichtenecker, S., Sonnleitner, A., Somoza, V., Erbersdobler, H., Elmadfa, I. (2004) Genotoxicity and mutagenicity of melanoidins isolated from a roasted glucose-glycine model

in human lymphocyte cultures, intestinal Caco-2 cells and in the Salmonella typhimurium strains TA98 and TA102 applying the AMES test. Food Chem Toxicol 42: 1487-95.

[17]   Bunz F., Dutriaux, A., Lengauer, C., Waldman, T., Zhou, S., Brown, JP., Sedivy, JM., Kinzler, KW., Vogelstein, B. (1998) Requirement for p53 and p21 to sustain G2 arrest after DNA damage. Science 282: 1497-501.

[18]   Cämmerer B., Kroh, LW. (1995) Investigation of the influence of reaction conditions on the elementary composition of melanoidins. Food Chem 53: 55–59.

[19]   Cämmerer, B., Chodakowski, K., Gienapp, C., Wohak, L., Hartwig, A., Kroh, LW. (2012) Pro-oxidative effects of melanoidin–copper complexes on isolated and cellular DNA. Eur Food Res Technol 234: 663–670.

[20]   Schwerdtle, T., Walter, I., Mackiw, I., Hartwig A (2003) Induction of oxidative DNA damage by arsenite and its trivalent and pentavalent methylated metabolites in cultured human cells and isolated DNA. Carcinogenesis 24: 967–974.

[21]   Hartwig, A., Dally, H., Schlepegrell, R. (1996) Sensitive analysis of oxidative DNA damage in mammalian cells: use of the bacterial Fpg protein in combination with alkaline unwinding. Toxicology Letters 88: 85-90.

[22]   Müller, E., Boiteux, S., Cunningham, RP., Epe, B. (1990) Enzymatic recognition of DNA modifications induced by singlet oxygen and photosensitizers. Nucleic Acids Res 20: 5969-73.

[23]   Pfaffl MW. (2001) A new mathematical model for relative quantification in real-time RT-PCR. Nucleic Acids Res 29: e45.

[24]   Agency for Toxic Substances and Disease Registry (ATSDR) (2004) Toxicological profile of copper (update), Atlanta, Georgia.

[25]   Lutsenko, S. (2010) Human copper homeostasis: a network of inter-connected pathways. Curr Opin Chem Biol. 14: 211-7.

[26]   Jomova K, Valko M. (20121) Advances in metal-induced oxidative stress and human disease. Toxicology 283: 65-87.

[27]   Plavsić M, Cosović B, Lee C. (2006) Copper complexing properties of melanoidins and marine humic material. Sci Total Environ 366: 310-9.

[28] Wijewickreme, AN., Kitts DD. (1998) Metal chelating and antioxidant activity of model Maillard reaction products. Adv Exp Med Biol. 434: 245-54.

[29] Hegele, J., Münch, G., Pischetsrieder, M. (2009) Identification of hydrogen peroxide as a major cytotoxic component in Maillard reaction mixtures and coffee. Mol Nutr Food Res 53: 760-9.